全国高职高专计算机立体化系列规划教材

网页设计与制作基础

主　编　徐文平　罗　印　张　丽

参　编　向川川

北京大学出版社

PEKING UNIVERSITY PRESS

内 容 简 介

本书主要介绍制作静态网页的基础知识，结合了网页设计与制作的理论知识体系以及实践操作流程，按照循序渐进的原则，由浅入深地介绍了如何使用 HTML、Dreamweaver、CSS 以及 JavaScript 等工具设计制作出优秀的网站。

本书从教学和实用的角度出发，详细介绍了网页设计与制作的基础知识。全书共 4 部分 15 章，主要内容包括 HTML 语言简介，Dreamweaver 基础，编辑网页文本及图像，设置超级链接，网页布局，添加多媒体元素，使用 CSS，使用行为，CSS 基础，CSS 字体、文本和图像样式，CSS 布局元素，CSS 案例，JavaScript 基础，JavaScript 常用内置对象，JavaScript 常用文档对象。

本书具有较高的实用性和可操作性，以完整案例为驱动，不仅可用作高职高专院校软件相关专业的专业课教材，也可供初学者和相关人员参考使用。

图书在版编目(CIP)数据

网页设计与制作基础/徐文平，罗印，张丽主编. —北京：北京大学出版社，2012.6
(全国高职高专计算机立体化系列规划教材)
ISBN 978-7-301-20634-8

Ⅰ.①网…　Ⅱ.①徐…②罗…③张…　Ⅲ.①网页制作工具—高等职业教育—教材　Ⅳ.①TP393.092

中国版本图书馆 CIP 数据核字(2012)第 090664 号

书　　　　　名：	网页设计与制作基础
著作责任者：	徐文平　罗　印　张　丽　主编
策 划 编 辑：	林章波
责 任 编 辑：	李彦红
标 准 书 号：	ISBN 978-7-301-20634-8/TP・1219
出 　版　 者：	北京大学出版社
地　　　　　址：	北京市海淀区成府路 205 号　100871
网　　　　　址：	http://www.pup.cn　http://www.pup6.cn
电　　　　　话：	邮购部 62752015　发行部 62750672　编辑部 62750667　出版部 62754962
电 子 邮 箱：	pup_6@163.com
印 　刷 　者：	三河市博文印刷有限公司
发 　行 　者：	北京大学出版社
经 　销 　者：	新华书店
	787mm×1092mm　16 开本　14.5 印张　323 千字
	2012 年 6 月第 1 版　2014 年 10 月第 2 次印刷
定　　　　　价：	28.00 元

《工学结合工程应用型人才培养系列规划教材》
编委会委员名单

编委会主任：刘乃琦

编委会副主任：朱　军　　刘甫迎

编委会委员：

四川托普信息技术职业学院	马在强
四川信息技术职业学院	苟代和
四川交通职业技术学院	陈　斌
四川建筑职业技术学院	刘　忠
成都职业技术学院	李亚平
成都农业科技职业学院	尹华国
重庆信息技术职业学院	游祖元
云南民族大学职业技术学院	普林林
河南师范大学软件职业技术学院	王晓东
兰州理工大学软件职业技术学院	宓庆续
郑州大学软件技术学院	李占波
郑州轻工业学院软件职业技术学院	邓璐娟
许昌学院软件职业技术学院	胡子义
达州职业技术学院	卿　勇
洛阳师范学院软件职业技术学院	智西湖
开封大学软件职业技术学院	张新成
黄淮学院示范性软件职业技术学院	周　鹏

序

我国高等教育已经进入大众化教育阶段，社会对人才的需求是多样化的，既需要一定数量的科学家和大量的工程师，还需要更多的专业技师。高职高专院校在我国高等教育领域占有非常重要的地位，特别是计算机类等工科专业，更是承担着重要的工程技术教育任务，为培养技能型的工程技术人才做出了重大的贡献。

新时期人才培养重在提高学生科学与工程素养，强化学生创造性地解决工程实际问题能力的培养，使得"工学结合"和"工程教育"模式成为改革的重点而备受关注。

"以服务为宗旨、以就业为导向"就是职业教育以社会需求为导向，学校和企业双方共同参与人才培养过程，合作培养实用人才。工程教育、职业教育将为国家培养大批创新能力强、适应经济社会发展需要的、高质量的各类型、各层次的工程技术人才。为提高其教育水平，国家积极推进"卓越工程师教育培养计划"，以及在教育中探究实施"CDIO 工程教育模式"。

从 2000 年起，以美国麻省理工学院(MIT)为首的世界几十所大学开始实施"CDIO 工程教育模式"，是近年来国际工程教育改革的最新成果，已取得了显著的成效。该模式引导基于工程项目全过程的学习，改革以课堂讲授为主的教学模式，倡导"做中学"，深受学生欢迎，更得到产业界高度评价。目前，正在我国普通高等院校和高职高专学院中推广应用。

CDIO 分别代表"构思(Conceive)、设计(Design)、实现(Implement)和运作(Operate)"，沿着从产品研发到产品运行的生命周期，将技术应用贯穿于过程实践，让学生以主动的、实践的、课程之间有机联系的方式学习。鉴于这种教育模式与传统的教育模式有着较大的差异，要想很好地适应它，必须加大教材内容以及相应的内容组织的改革力度，按照新的观念和思路进行教材编写。

根据上述改革要求，编委会组织了这套教材。本套教材的作者通过努力探索如何将近些年积累的教学改革成果融入教材，使之形成一些较为明显的特点。例如，有的力求遵循 CDIO 的模式，有的采用案例和业务流程的模式，有的突出工程应用项目过程的知识技能模式。

这个系列教材力图体现这些年来高职高专院校在教育改革中取得的成果，也是高职高专院校与产业界、出版界合作的成果。希望此系列教材在工程技术人才培养中起到积极的、有效的作用，并不断地改进、完善。

中国计算机学会教育专业委员会主任

蒋宗礼 教授

2011 年 8 月 8 日

编写说明

教育部提出了"以服务为宗旨、以就业为导向"的办学指导方针，"校企合作、工学结合"的人才培养模式。校企合作是职业教育学校以市场和社会就业需求为导向，学校和企业双方合作共同参与的人才培养过程的一种培养模式。

工学结合是将学习与工作结合在一起的教育模式，主体包括学生、企业、学校。它以职业为导向，充分利用学校内、外不同的教育环境和资源，把以课堂教学为主的学校教育和直接获取实际经验的校外工作有机结合，贯穿于学生的培养过程之中。

在这样的教育模式下，我们应当提供什么样的教材？教材的内容如何能够适应教育模式？适应不同的专业和教学方式？这就是教材编写者必须考虑的问题。

我们认为，教材的编写者有几个观察和思考角度。首先，专业的角度，你要讲述什么内容？如何讲清楚这些内容？编写者自己能否讲清楚？其次，要站在受教育对象的角度，要学习理解这些内容，需要具有什么样的知识基础？通过学习，我能够得到什么？第三，从业界的角度，这些内容是否是业界感兴趣的？社会所需要的？技术应用是否有价值？第四，站在教学的角度，课程内容与教学计划和课程设置是否适当？教材内容通过什么方式体现到教学过程中？理论、实践、技术、技能等的比例如何掌握等？有了这样的思考，编写者才能更好地构思、构建教材的编写框架，继而以丰富的内容充实这个框架，也让读者从这个框架中能够很快找到他们自己想要的东西。

工学结合工程应用型人才培养系列规划教材的推出，是以四川托普信息技术职业学院为组织单位的高职高专院校在教育改革中的一项成果，是高职高专院校与产业界、出版界合作，实施"创新型教学改革及成果转化"项目的成果。更多的高职高专院校的参与，更多的教学改革课题的实施，更多的教师把自己的专业知识的积累凝练和教学经验贡献出来，充实到教材内容编写中，对推动工学结合、工程型人才培养无疑是有大促进的。

此系列教材的推出，凝聚了各个学校教师的辛勤劳动，各位编委会委员的无私奉献，也得到了中国计算机学会教育专业委员会的积极支持，在此表示衷心的感谢。

也希望读者在使用教材的过程中，与我们多方沟通、联系，反映你们的意见，提出你们的建议，帮助我们将这个系列的教材编写得更好、使用得更有效。

工学结合工程应用型人才培养系列规划教材编委会

刘乃琦 教授

2011 年 8 月

前　　言

随着网络技术的不断发展，网络技术的应用越来越广泛，网站作为网络的基础，对人们的生活、工作、学习的影响也越来越大。而内容丰富、布局合理、制作精美的网页将会吸引更多的访问者，这是网站得以生存和发展的关键。

为了满足人们对网站功能、网站布局的要求，以及社会对应用型、技能型人才的需求，四川托普信息技术职业学院提出了"四段式"教育理念，并且根据网站制作流程（设计效果图、制作静态页面、实现人机交互），在开设"网页设计与制作"课程之前就开设了"人机界面设计"课程，让学生首先能够设计出精美的页面效果图，再通过本门课程的学习，将效果图转化为相应的前台静态网页，再在前台静态页面的基础上添加动态的部分。

本书以"理论够用，案例主导"为指导思想，第 1～8 章由一个完整的个人博客网站贯穿，第 9～12 章利用 CSS 代码完成了葡萄酒公司网站首页的设计制作，第 13～15 章利用 JavaScript 实现了个人博客网站中的人机交互，每章完成了相应案例的一部分并且均有详细的制作步骤，方便读者实践以及参考。

本书由徐文平、罗印、张丽主编，向川川参编。参与编写这本教材的都是一线教师，有着丰富的实践教学经验。本书就是各位老师在教学改革过程中通过不断修改、总结、提炼并参考了大量的相关教材和文献写出的。

由于编写时间仓促，编者水平有限，书中难免有疏漏之处，敬请广大读者批评指正。同时，在编写本书的过程中，参考了相关的书刊和资料，其中包括从互联网上获得的一些资料，在此向所有这些资料的作者表示诚挚的感谢。

作　者

2012 年 1 月于成都

目 录

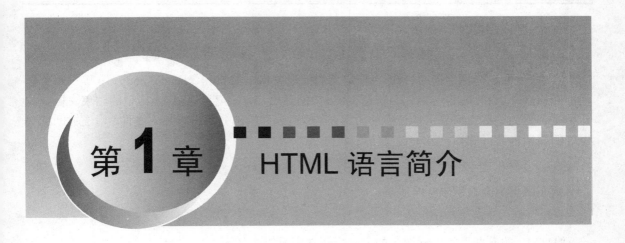

第1章　HTML 语言简介

 教学目标

- 掌握 HTML 常用标记的使用方法

 教学要求

知识要点	能力要求
HTML 标记规则	掌握 HTML 标记的使用方法
HTML 常用标记	(1) 掌握 HMTL 常用标记的使用 (2) 运用 HTML 常用标记书写网页内容
HTML 表格标记	(1) 掌握表格标记的使用 (2) 运用表格标记布局网页内容
HTML 表单标记	(1) 掌握表单标记的使用 (2) 运用表单标记制作前台页面

 重点难点

- HTML 常用标记
- HTML 表格标记

本章将围绕个人博客网站中的日志页面的制作(包括日志页面的编写、内容的添加及排版以及发表评论的制作)介绍 HTML 的相关知识。

1.1　HTML 标记

HTML(Hyper Text Markup Language，超文本置标语言)是由一整套标记按照一定的规则组合而成的，这些标记的主要作用是告诉浏览器如何将标记中的内容显示在网页中。

标记的语法格式如下所示。

```
<标记名称 属性1="属性值1" 属性2="属性值2"…>标记内容</标记名称>
```

其中，"标记名称"指 HTML 中预定义的标记名称，如 html、head、body、p 等。每个标记都应该有开始和结束，<标记名称>称为标记的开始，</标记名称>称为标记的结束。标记的作用是告诉浏览器如何显示标记中的内容，在标记的开始部分还可以加入属性，用于辅助标记更好的显示内容。例如：

```
<p>段落文字</p>
```

则在网页中会显示出一个段落。

```
<h1>HTML 的发展</h1>
```

"HTML 的发展"将以标题 1 的方式显示在网页上，如图 1.1 所示。

图 1.1　显示效果

如果再加一个属性，将代码改为：

```
<h1 align="center">HTML 的发展</h1>
```

"HTML 的发展"将以标题 1 的样式且水平居中的方式显示在网页上，如图 1.2 所示。

图 1.2　居中显示效果

标记中的内容可以为空，这类标记称为空标记，写法如下：

> <标记名称></标记名称>也可以简写为<标记名称/>

如
标记，用于页面指定位置处换行，标记中不需要有具体的内容。

网页就是由 HTML 中预定义的标记按照 HTML 的语法组合在一起而构成的，学习网页首先应该学习 HTML 中常用的标记和这些标记的使用方法。

【课堂案例 1-1】我的日志网页(一)

1) 案例要求

利用 HMTL 标记编写【我的日志】网页。

2) 操作步骤

(1) 打开【记事本】程序。

(2) 在记事本中输入如下代码。

```
1  <html>
2      <head>
3          <meta http-equiv="Content-Type" content="text/html; charset=utf-8" />
4          <title>我的日志</title>
5      </head>
6      <body>
7        我的日志内容
8      </body>
9  </html>
```

📂 **提示**

网页的基本结构如下所示。

```
<html>
    <head></head>
    <body></body>
</html>
```

在<head>与</head>之间设置网页头部信息，主要包括<title></title>(网页标题)与<meta/>(网页信息，<meta/>是<meta></meta>的简写形式)，这部分内容在网页正文中是不可见的。

在<body>与</body>中设置网页内容。

body 标签是用在网页中的一种 HTML 标签，表示网页的主体部分，也就是用户可以看到的内容，可以包含文本、图片、音频、视频等各种内容。

(3) 将文件另存为 rizhi1-1.htm。

📂 **提示**

静态网页文件的后缀一般为 ".htm" 或 ".html"。

(4) 在浏览器中打开 rizhi1-1.htm，效果如图 1.3 所示。

🔖 **说明**

本书中所有示例均采用火狐中国版浏览器进行测试。

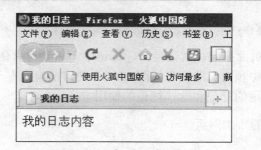

图 1.3 我的日志页面

📋 注意

(1) <title>与</title>之间的内容要能准确概括整个网页，每个页面都必须有一个合适的标题。

(2) <meta/>用于描述网页相关信息，也常被搜索引擎用于检索网页。可以设置一段文字或一些关键字，用于描述网页内容，这将提高网页被搜索到的机会。

(3) meta 是 HTML 语言 head 区的一个辅助性标签。几乎在所有的网页里，我们都可以看到类似下面的 HTML 代码：

```
<head>
<meta http-equiv="content-Type" content="text/html; charset=uft-8" />   </head>
```

meta 标签共有两个属性，它们分别是 http-equiv 属性和 name 属性，不同的属性又有不同的参数值，这些不同的参数值就实现了不同的网页功能。

① name 属性。name 属性主要用于描述网页，与之对应的属性值为 content，content 中的内容主要是便于搜索引擎机器人查找信息和分类信息用的。

meta 标签的 name 属性语法格式是：<meta name="参数" content="具体的参数值">。其中，name 属性主要有以下几种参数。

a. Keywords(关键字)：用来告诉搜索引擎网页的关键字是什么。

例如：

```
<meta name ="Keywords" content="science, education, culture, politics, ecnomics, relationships,entertaiment, human">
```

b. Description(网站内容描述)：用来告诉搜索引擎网站的主要内容。

例如：

```
<meta name="Description" content="This page is about the meaning of science, education,culture.">
```

c. Robots(机器人向导)：用来告诉搜索机器人哪些页面需要索引，哪些页面不需要索引。

例如：

```
<meta name="Robots" content="none">
```

d. Author(作者)：用来标注网页的作者。

例如：

```
<meta name="Author" content="root,root@21cn.com">
```

② http-equiv 属性。顾名思义，http-equiv 相当于 http 的文件头作用，它可以向浏览器传回一些有用的信息，以帮助正确和精确地显示网页内容，与之对应的属性值为 content，content 中的内容其实就是各个参数的变量值。

meta 标签的 http-equiv 属性的语法格式是: <meta http-equiv="参数" content="参数变量值">。其中，http-equiv 属性主要有以下几种参数。

a. expires(期限): 可以用于设定网页的到期时间。一旦网页过期，必须到服务器上重新传输。例如:

```
<meta http-equiv="Expires" content="Fri, 12 Jan 2001 18:18:18 GMT">
```

注意: 必须使用 GMT 的时间格式。

b. Pragma(cache 模式): 禁止浏览器从本地计算机的缓存中访问页面内容。例如:

```
<meta http-equiv="Pragma" content="no-cache">
```

注意: 这样设定，访问者将无法脱机浏览。

c. Refresh(刷新): 自动刷新并指向新页面。例如:

```
<meta http-equiv="Refresh" content="2;URL=http://www.root.net">
```

注意: 其中的 2 是指停留 2 秒钟后自动刷新到 URL 网址。

d. Set-Cookie(cookie 设定): 如果网页过期，那么存盘的 cookie 将被删除。例如:

```
<meta http-equiv="Set-Cookie" content="cookievalue=xxx; expires=Friday, 12-Jan-2001 18:18:18 GMT; path=/">
```

注意: 必须使用 GMT 的时间格式。

e. Window-Target(显示窗口的设定): 强制页面在当前窗口以独立页面显示。例如:

```
<meta http-equiv="Window-Target" content="_top">
```

注意: 用来防止别人在框架里调用自己的页面。

f. Content-Type(显示字符集的设定): 设定页面使用的字符集。例如:

```
<meta http-equiv="Content-Type" content="text/html; charset=gb2312">
```

g. Content-Language(显示语言的设定)。例如:

```
<meta http-equiv="Content-Language" content="zh-cn" />
```

1.2　HTML 常用标记

HTML 常用标记种类包括标题、段落、列表和块等。

HTML 中常用的标记其用法见表 1-1。

表 1-1　HTML 常用标记

常用标记	作用及用法
\<html\>\</html\>	代表整个网页文档，网页内容都应该被包含在这个标记内
\<head\>\</head\>	网页文档的头部，包括网页标题及一些网页文档的信息
\<body\>\</body\>	网页文档的正文内容，所有需要显示在网页正文部分的内容都应该被包含在这个标记内
\<title\>\</title\>	网页标题，被包含在\<head\>\</head\>内。如：\<title\>HTML 的发展\</title\>
\<meta/\>	网页文档的一些相关信息，包括使用的字符集、可以用于搜索网页关键字，网页的描述文字等。如：\<meta http-equiv="Content-Type" content="text/html; charset=utf-8" /\>
\<h1\>\</h1\>、\<h2\>\</h2\>……\<h6\>\</h6\>	指定内容按标题字的方式显示，如：\<h1\>HTML 的发展\</h1\>
\<p\>\</p\>	指定内容按段落的方式显示，如：\<p\> HTML4.0 版本是发展到今天比较成熟的一个版本\</p\>
\<br/\>	在页面指定位置处换行
\<a\>\</a\>	用于设置页面内容的超级链接，此标记有两种用法，一种是指定 href 属性，表示超级链接；另一种指定 name 属性，表示锚点 如：\<a href="http://www.w3school.com.cn/"\>w3school 在线教程\</a\>，在网页中点击"w3school 在线教程"浏览器就会打开 w3school 在线教程的网页；\<a name="book"/\>，表示在页面指定处插入一个锚点，可以在页面其他位置链接到此处
\<img/\>	在网页中插入图片。如：\<img src="images/ad.jpg"/\>,将 images 文件夹中名为 ad.jpg 的图片插入到网页中
\<ul\>　\<li\>\</li\>　\<li\>\</li\>　……\</ul\>	无序列表，每个\<li\>\</li\>中的内容是无序列表的一项。如：\<ul\>　\<li\>看书\</li\>　\<li\>音乐\</li\>\</ul\>
\<ol\>　\<li\>\</li\>　\<li\>\</li\>　……\</ol\>	有序列表，用法与无序列表相似
\<pre\>\</pre\>	预排版格式标记
\<span\>\</span\>	通常用来组合行内需要格式化的内容
\<div\>\</div\>	区块标记，可以将文档内容分为独立的、不同的部分
\<table\>\</table\>	定义 HTML 表格

【课堂案例 1-2】我的日志网页(二)

1) 案例要求

利用 HTML 常用标记添加【我的日志】网页内容。

2) 操作步骤

(1) 在 D 盘(也可以在其他磁盘)下新建 MyBlog 文件夹。

(2) 在 MyBlog 文件夹下，新建 images 文件夹。将网页中需要用到的图片复制到 images 文件夹中，如图 1.4 所示。

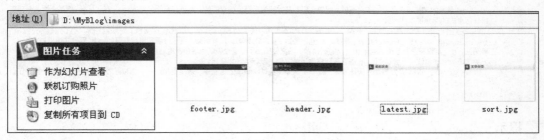

图 1.4　将图片复制到 images 文件夹中

(3) 将课堂案例 1-1 中完成的页面 rizhi1-1.htm 复制到 MyBlog 文件夹中，如图 1.5 所示。

图 1.5　rizhi1-1.htm 在 MyBlog 文件夹中

(4) 打开 rizhi1-1.htm 文件，在<body>与</body>之间添加标题图片，代码如下所示。

```
1  <html>
2    <head>
3      <meta http-equiv="Content-Type" content="text/html; charset=utf-8" />
4      <title>我的日志</title>
5    </head>
6    <body>
7      <img src="images/header.jpg"/>
8    </body>
9  </html>
```

📁 提示

在网页中插入图片，使用<img/>标记，此标记为空标记。属性 src 指定图片的位置。属性值 images/header.jpg 是相对于 rizhi1-1.htm 文件的路径。

📑 说明

由于添加标题图片只是在原有代码的基础上修改了第 7 行代码，所以为节省篇幅将与前面案例中相同的代码折叠显示，代码如下所示。

```
1  <html>
2    <head> ...
6    <body>
7      <img src="images/header.jpg"/>
8    </body>
9  </html>
```

(5) 添加正文内容，代码如下所示。

```
1   <html>
2       <head> ...
6       <body>
7           <img sr...
8           <h3>HTML的发展</h3>
9           <p>HTML能发展成为互联网上最成功的标记语言之一，经过了一个从萌芽、遭受非议到全面革新的过程。</p>
10          <p>1989年由Tim  Berners-Lee在CERN研制出了HTML。HTML允许科学家透明的在网络上共享信息，而不受各自计算
机差异的影响。</p>
11          <p>最早的浏览器仅是以文本为基础，很快人们就开始研究在网上放置图像。且不满足于只加入&lt;img/&gt;标签，而是希望可
以将任何形式的媒介加入到网页中去。</p>
12          <p>HTML在不断发展，产生了新型、功能强大的标签形式。如：&lt;background&gt;、&lt;frame&gt;、&lt;marquee&gt;、
&lt;iframe&gt;、&lt;bgsound&gt;等等。HTML发展出了不同的版本。只有那些网页设计者和用户共有的HTML部分才可以被
正确浏览。W3C组织在激烈争论名叫HTML3.0的新技术，该文件概括了所有全新的特性但没有任何技术支持。出于这种混乱
局面的考虑，合作制订一个公认的HTML语言规范成为当务之急。新标准呼之欲出。</p>
13          <p>HTML4.0版本是发展到今天比较成熟的一个版本，在这个版本的语言中，规范更加统一，浏览器之间的统一性也更加完好了。</p>
14      </body>
15  </html>
```

📁 提示

① 第 8～13 行是新增加的正文内容。

② 第 8 行中的<h3>标记表示"标题字 3"。标题字可以用<h1>、<h2>、<h3>...<h6>表示。<h1>字体最大，<h6>字体最小。

③ 第 9～13 行分别用 5 个<p>标记添加 5 个段落内容。<p>与</p>之间的内容显示为一个段落。

(6) 添加"文章分类"内容，代码如下所示。

```
1   <html>
2       <head> ...
6       <body>
7           <img sr...
8           <h3>HTM...
9           <p>HTML...
10          <p>1989...
11          <p>最早的浏...
12          <p>HTML...
13          <p>HTML...
14          <img src="images/sort.jpg"/>
15          <ul>
16              <li>网络文摘</li>
17              <li>生活点滴/li>
18              <li>网页设计</li>
19              <li>平面美术</li>
20          </ul>
21      </body>
22  </html>
```

📁 提示

第 14～20 行代码为新增加的文章分类内容。

其中，第 14 行代码是在网页中插入一张图片，作为文章分类的标题。

第 15～20 行用一个无序列表描述文章的具体分类。<ul>标记表示无序列表，由列表的每一项即<li>构成。

(7) 为"文章分类"中的内容添加链接，代码如下所示。

```
<ul>
    <li><a href="rizhi-web.htm">网络文摘</a></li>
    <li><a href="rizhi-life.htm">生活点滴</a></li>
    <li><a href="rizhi-design.htm">网页设计</a></li>
    <li><a href="rizhi-graphic.htm">平面美术</a></li>
</ul>
```

提示

设置超级链接使用<a>标记，属性 href 用来设置链接目标。

(8) 添加"最近发表"内容及链接。方法同步骤(6)、(7)。

(9) 添加版权信息栏图片。在</body>前一行添加如下代码：

```
<ime src="images/footer.jpg">
```

(10) 将文件另存为 rizhi1-2.htm，并在浏览器中打开，效果如图 1.6 所示。

图 1.6 【我的日志】页面内容

1.3　HTML 页面布局标记

网页布局经常会用到表格和 CSS 的布局方式。在这一节中，重点介绍表格的布局方式。表格本来的作用是制作网页表格数据，同时表格在页面中还有固定内容在页面中的位置的作用，所以表格也被当作一种布局工具，在新的 Web 标准盛行之前，一直很流行。

表格的基本用法如下所示。

```
<table width="600" border="0" cellspacing="0" cellpadding="0">
  <tr>
    <td> </td>
    <td> </td>
  </tr>
  <tr>
    <td> </td>
    <td> </td>
  </tr>
</table>
```

其中，<table>…</table>代表整个表格，<tr>…</tr>代表表格的一行，<td>…</td>代表表格的一个单元格，内容应该放在单元格里。属性 width 指表格的宽度，border 指表格的边框粗细，border=0 指表格不显示边框。由于表格在浏览器中具有固定内容位置的作用，所以表格常常用来布局页面。

表格的常用属性以及属性取值见表 1-2。

表 1-2　表格常用属性及取值

属　　性	取　　值	描　　述
align	left、center、right	规定表格相对周围元素的对齐方式

bgcolor	rgb(X,X,X)(例：rgb(0,0,0))
	#XXXXXX(例：#666666)
	colorname(例：red)
		规定表格的背景颜色

border	pixels	规定表格边框的宽度
cellpadding	pixels %	规定单元格边沿与内容之间的空白
cellspacing	pixels %	规定单元格之间的空白
frame	void above below hsides lhs rhs vsides box border	规定外边框的可见性
rules	none groups rows colls all	规定内边框的可见性
summary	text	规定表格的摘要

续表

属　　性	取　　值	描　　述
width	% pixels	规定表格的宽度
height	% pixels	规定表格的高度

【课堂案例 1-3】我的日志网页(三)

1) 案例要求

利用表格标记布局【我的日志】页面内容。

2) 操作步骤

(1) 打开课堂案例 1-2 中完成的页面 rizhi1-2.htm，并另存为 rizhi1-3.htm。

(2) 将 rizhi1-3.htm 中<body>与</body>之间的内容删除。

(3) 在页面中添加一个宽度为 960 像素、居中对齐、1 行 1 列的表格，代码如下所示。

```
1   <html>
2       <head> ...
6       <body>
7       <table width="960" border="0" align="center" cellpadding="0" cellspacing="0">
8         <tr>
9           <td></td>
10        </tr>
11      </table>
12      </body>
13  </html>
```

提示

第 7～11 行为新增加的表格代码。

其中，第 7 行中属性 align 用来设置表格的对齐方式，属性值为 center 表示水平居中对齐；属性 cellpadding 用来设置内容与单元格的边之间的距离；属性 cellspacing 用来设置单元格与单元格之间的距离。

(4) 在第 9 行中的<td>与</td>之间添加标题图片。方法同课堂案例 1-2 中操作步骤(4)。

(5) 在页面中继续添加一个宽度为 960 像素、居中对齐、1 行 5 列的表格，并将表格中的第 1、3、5 列的宽度设置为 20 像素，第 4 列宽度设置为 284 像素，代码如下所示。

```
1   <html>
2       <head> ...
6       <body>
7       <table ...
12      <table width="960" border="0" align="center" cellpadding="0" cellspacing="0"
                bgcolor="#FFFFFF">
13        <tr>
14          <td width="20"></td>
15          <td></td>
16          <td width="20"></td>
17          <td width="284" valign="top"></td>
18          <td width="20"></td>
19        </tr>
20      </table>
21      </body>
22  </html>
```

📁 **提示**

① 第 12 行中的属性 bgcolor 用来设置表格的背景颜色，属性值 "#FFFFFF" 表示白色。

② 第 17 行中的属性 valign 表示单元格中的内容在单元格竖直方向上的对齐方式，属性值 top 表示居顶对齐。

③ 表格中的第 1、3、5 列宽度均设置为 20 像素，主要是起到将内容块分隔开的作用。

(6) 在第 15 行中的<td>与</td>之间(即表格的第 2 列)添加日志正文内容。方法同课堂案例 1-2 中操作步骤(5)。

(7) 在表格的第 4 列中添加【文章分类】和【最近发表】内容。方法同课堂案例 1-2 中操作步骤(6)～(8)。

(8) 在页面中再添加一个宽度为 960 像素、居中对齐、1 行 1 列的表格，代码如下所示。

```
1   <html>
2       <head> ...
6   <body>
7       <table ...
12      <table ...
42      <table width="960" border="0" align="center" cellpadding="0" cellspacing="0">
43          <tr>
44              <td></td>
45          </tr>
46      </table>
47  </body>
48  </html>
```

(9) 在第 44 行中的<td>与</td>之间添加版权信息栏图片。方法同课堂案例 1-2 中操作步骤(9)。

(10) 将整个页面的背景颜色设置为#1E1E1E，方法是在<body>上添加属性 bgcolor,代码如下所示。

```
6       <body bgcolor="#1E1E1E">
```

(11) 保存 rizhi1-3.htm，并在浏览器中打开，效果如图 1.7 所示。

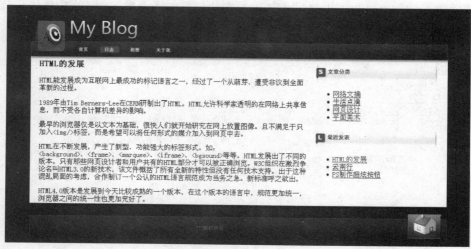

图 1.7 利用表格标记布局【我的日志】页面

1.4　HTML 表单

表单是用于收集用户信息的一种工具。例如，用户在登录时需要提交用户名和密码信息，此时可以用表单进行数据的提交。

表单标记的使用格式如下所示。

```
<form id="info" name="info" method="post" action="">
      表单元素
</form>
```

其中，form 是标记名称；属性 id 和 name 用于标识此表单；method 表明提交数据的方法，可以设置的属性值为 post 或 get；action 指明被提交的数据的处理方式。

在表单里的可以包括的表单元素见表 1-3。

表 1-3　表单元素

标　　记	含　　义
<input　type="text" />	文本字段，允许接受用户输入的内容，如果将属性 type 的值设为 password，则为密码框
<textarea cols="45" rows="5"></textarea>	文本区域，允许输入多行文本，属性 cols 和 rows 分别表示允许输入的列数和行数
<input type="checkbox" />	复选框，允许选择多个复选框的值
<input type="radio" name="radio" />	单选按钮，如果多个单选按钮的 name 属性值相同，则这几个单选按钮成为一个组，组内的单选按钮只允许选择一个值，相互排斥
<select> 　<option>选项 1</option> 　<option>选项 2</option> 　… </select>	列表/菜单，option 表示一个列表项/菜单项
<input type="image"/>	图像域
<input type="file"/>	文件域
<input type="submit" value="提交" />	提交按钮，如果将属性 type 的值设为 reset，则为重置按钮

【课堂案例 1-4】我的日志网页(四)

1) 案例要求

利用表单标记制作【我的日志】。

2) 操作步骤

(1) 打开课堂案例 1-3 中完成的页面 rizhi1-3.htm，另存为 rizhi1-4.htm。

(2) 找到页面中第 2 个表格，并在第 2 列的最后一个<p>标记的下一行添加一个<hr/>，表示一条水平分割线。

(3) 在<hr/>下一行添加表单标记，主要代码如下所示。

```
6    <body bgcolor="#1E1E1E">
7    <table ...
12   <table width="960" border="0" align="center" cellpadding="0" cellspacing="0"
            bgcolor="#FFFFFF">
13     <tr>
14       <td width="20"></td>
15       <td>
16         <h3>HTM...
17         <p>HTML...
18         <p>1989...
19         <p>最早的浏...
20         <p>HTML...
21         <p>HTML...
22         <hr/>
23         <form action="" method="post">
24           <h4>发表评论</h4>
25           <input type="text" name="title" size="20"/>标题（*）<br/>
26           正文（*）<br/>
27           <textarea name="content" cols="45" rows="5"></textarea><br/>
28           <input type="submit" name="submit" value="提交"
29         </form>
30       </td>
31       <td width="20"></td>
32       <td wid...
47       <td width="20"></td>
48     </tr>
49   </table>
50   <table ...
55   </body>
```

📁 提示

第 23 ~ 29 行为新增加的表单。

(4) 保存 rizhi1-4.htm，并在浏览器中打开，效果如图 1.8 所示。

图 1.8　为【我的日志】页面添加发表评论内容

1.5　利用 HMTL 标记制作【我的日志】页面实训

1. 实训目的

掌握 HTML 常用标记的使用方法。

2. 实训环境

在记事本中完成实训任务。

3. 实训内容

参照课堂案例 1-1～1-4 的操作步骤，制作一个完整的【我的日志】页面。

本 章 小 结

本章主要介绍了 HTML 的基本知识，包括 HTML 标记规则、常用的 HTML 标记、HTML 页面布局标记和 HTML 表单标记。HTML(Hyper Text Markup Language，超文本置标语言)是用于描述网页文档的一种标记语言，其基本结构由文件头和文件主体两部分构成，文件头包含在标记<head></head>之间，文件主体包含在标记<body></body>之间。

HTML 中的标记包含单标记和双标记两类，单标记只需单独使用就能完整地表达意思，这类标记的语法是：<标签名称>。最常用的单标记换行是
，插入一行水平线的标记是<hr>。双标记由【开始标记】和【结束标记】两部分构成，必须成对使用，其中【开始标记】告诉 Web 浏览器从此处开始执行该标记所表示的功能，而【结束标记】告诉 Web 浏览器在这里结束该功能。【开始标记】前加一个斜杠(/)即成为【结束标记】。

本章通过对 HTML 基本知识的介绍，为之后 Dreamweaver、CSS 的应用奠定基础。

习　　题

一、选择题

1. 通过设置(　　)标记，可以提高网页被搜索到的机会。

　　A．<p>　　　　　　　　　　　　　B．<ul>

　　C．<meta>　　　　　　　　　　　D．<form>

2. 下列标记中，用于提交页面信息的标记是(　　)。

　　A．<table>　　　　　　　　　　　B．<title>

　　C．<head>　　　　　　　　　　　D．<form>

3. 要描述一个列表内容，应该使用下列哪个标记？(　　)

　　A．
　　　　　　　　　　　　B．<ul>

　　C．<img>　　　　　　　　　　　 D．<body>

4. 在网页中要设置超级链接，应该使用下列哪个标记？(　　)

　　A．<link>　　　B．<a>　　　　　C．<li>　　　　　　　D．<input>

二、填空题

1．若要在页面中添加一个宽度为 778 像素的表格，可以按如下代码设置。

```
<table _____ >
    <tr><td></td></tr>
</table>
```

2．在页面中插入图片是通过<img/>标记实现的，图片的位置是通过<img>标记的_____属性设置的。

三、简答题

1．一个网页的基本结构是什么？

2．表格由哪些部分构成？

3．表单包括哪些部分？

第 **2** 章　Dreamweaver 基础

　教学目标

- 熟悉 Dreamweaver 的工作环境
- 掌握 Dreamweaver 中站点的设置方法

　教学要求

知识要点	能力要求
Dreamweaver 工作环境	熟悉 Dreamweaver 的工作环境
Dreamweaver 首选参数设置	(1) 掌握 Dreamweaver 首选参数设置方法 (2) 通过设置首选参数，使得在 Dreamweaver 中可以输入连续空格，使 Firefox 浏览器成为主浏览器
Dreamweaver 网站站点设置	(1) 掌握 Dreamweaver 设置网站站点的方法 (2) 运用 Dreamweaver 设置网站站点

　重点难点

- Dreamweaver 参数设置
- Dreamweave 网站站点设置

为了快速开发个人博客网站，在开发之前需要做一些准备工作(包括熟悉开发工具、初始参数的设置以及博客站点的建立等)，本章将围绕这些准备工作，介绍 Dreamweaver 的基础知识。

2.1　Dreamweaver 工作环境

Dreamweaver 提供了友善的开始页面和将全部元素置于一个窗口的集成布局，并在工作区中将多个文档集中到一个窗口中，降低了系统资源的占用，方便对文档进行操作。

2.1.1 友善的开始页面

启动 Dreamweaver 后，首先看到的是开始页面，供用户打开已有的文档，或选择新建文件的类型等。

【课堂案例 2-1】启动 Dreamweaver CS5 软件

1）案例要求

启动 Dreamweaver CS5 软件

2）操作步骤

(1) 双击桌面上 Dreamweaver CS5 的快捷方式图标，运行 Dreamweaver CS5 程序。

(2) 在开始页面中，单击【新建】选项区域中的 HTML 按钮，如图 2.1 所示。

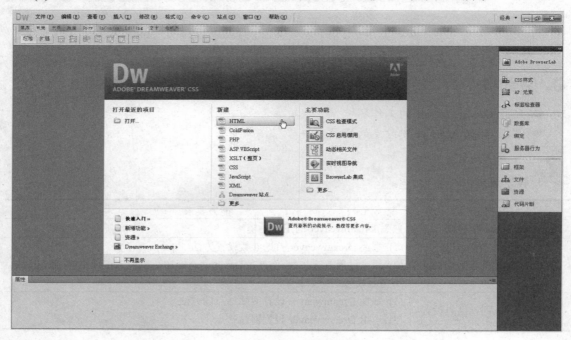

图 2.1　Dreamweaver CS5 开始页面

提示

起始页面的中间有 3 个栏目，分别是打开最近的项目、新建以及主要功能。其中各个栏目的含义如下。

① 打开最近的项目：在该栏中会列出最近使用过的文档，用户只需要单击相应需要打开的文档即可；亦可单击【打开】按钮选择需要打开的文档。

② 新建：在该栏中会列出在 Dreamweaver CS5 中能够创建的文档类型，当单击相应的文档类型时，可创建相应格式的新文档；当单击【Dreamweaver 站点】按钮时，可创建站点；当单击【更多】按钮时，系统会弹出【新建文档】对话框，如图 2.2 所示。用户可根据需要选择新建的文档类型。

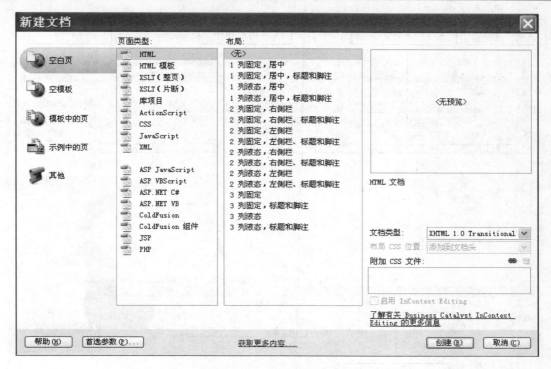

图 2.2 【新建文档】对话框

③ 主要功能：用于设置 Dreamweaver CS5 中更多人性化的细节，包括 CSS 检查模式、CSS 启用/禁用、动态相关文件、实时视图导航、BrowserLab 集成等。

在启动 Dreamweaver 时以及在没有打开文档的时候，会显示【欢迎】屏幕。用户可以选择隐藏【欢迎】屏幕，并在以后再显示它。当【欢迎】屏幕被隐藏且没有打开任何文档时，【文档】窗口处于空白状态。

2.1.2　工作区布局

Dreamweaver 的工作区主要由【插入】栏、【文档】工具栏、【文档】窗口、【属性】检查器和面板组等组成。

【课堂案例 2-2】新建 HTML 页面

1) 案例要求

利用 Dreamweaver CS5 新建 HTML 页面，并修改页面属性。

2) 操作步骤

(1) 按照课堂案例 2-1 的操作步骤启动 Dreamweaver CS5，并建立 HTML 页面，将看到整个工作区布局，如图 2.3 所示。

提示

可以通过单击面板组右上方的 ◀◀ 按钮，展开(或隐藏)面板。

更多面板的展开与隐藏，也可以通过在【窗口】菜单中选择或取消相应面板来实现。

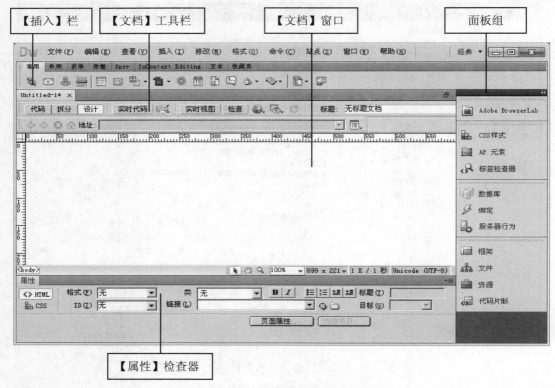

图 2.3　Dreamweaver CS5 工作区布局

(2) 单击【属性】检查器中的 [页面属性...] 按钮，将弹出【页面属性】对话框，如图 2.4 所示。

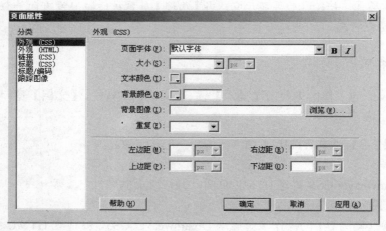

图 2.4　【页面属性】对话框

(3) 在【页面属性】对话框中，设置左边距、右边距、上边距、下边距的值为 0。

📁 提示

通过对【页面属性】对话框的设置，可以指定所创建页面的布局和格式样式。可以为创建的每个新页面指定新的页面属性。

注意

　　设置的页面属性仅用于当前活动文档，如果页面使用了外部 CSS 样式表，Dreamweaver 不会覆盖在该样式表中设置的标签。

2.2　Dreamweaver 首选参数设置

　　通过对适当设置 Dreamweaver 的参数，可以更方便地使用 Dreamweaver 进行网页制作。

【课堂案例 2-3】设置 Dreamweaver 参数

1）案例要求

　　设置 Dreamweaver 的【常规】首选参数、【在浏览器中预览】首选参数以及【状态栏】首选参数。

2）操作步骤

(1) 在 Dreamweaver CS5 中，选择【编辑】|【首选参数】命令，如图 2.5 所示。

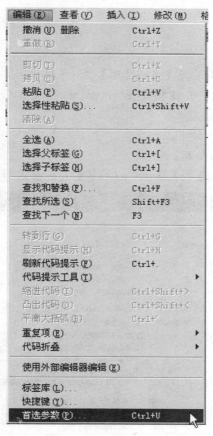

图 2.5　选择【编辑】|【首选参数】命令

　　(2) 在弹出的【首选参数】对话框中，选择左边【分类】列表中的【常规】类，然后在右边将【编辑选项】栏中的【允许多个连续的空格】前面的复选框勾选上，如图 2.6 所示。

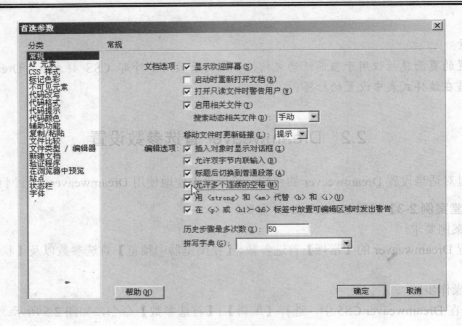

图 2.6　设置【常规】首选参数

📁 提示

　　【常规】类中包括两栏，分别是【文档选项】栏和【编辑选项】栏，各个复选框的含义如下。

　　① 显示【欢迎】屏幕：在启动 Dreamweaver 时或者在没有打开任何文档时，显示 Dreamweaver 的【欢迎】屏幕。

　　显示【欢迎】屏幕的操作如下。

　　a. 选择【编辑】|【首选参数】命令。

　　b. 在【常规】类别中，选中【显示欢迎屏幕】复选框，如图 2.7 所示。

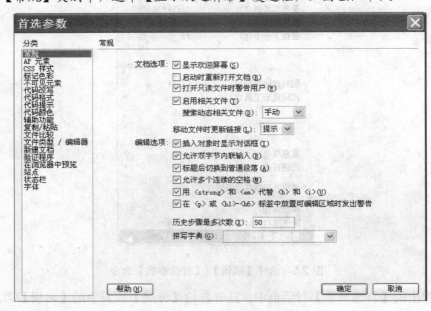

图 2.7　【首选参数】对话框

若要隐藏【欢迎】屏幕，只需将取消选中【显示欢迎屏幕】复选框即可。

② 启动时重新打开文档：打开在关闭 Dreamweaver 时处于打开状态的任何文档。如果未选中此复选框，Dreamweaver 会在启动时显示【欢迎】屏幕或者空白屏幕(具体取决于对【显示欢迎屏幕】的设置)。

③ 打开只读文件时发出警告：在打开只读(已锁定的)文件时警告用户。可以选择取消锁定/取出文件、查看文件或取消。

④ 移动文件时更新链接：确定在移动、重命名或删除站点中的文档时所发生的操作。可以将该参数设置为总是自动更新链接、从不更新链接或提示用户执行更新。

⑤ 插入对象时显示对话框：确定当使用【插入】栏或【插入】菜单插入图像、表格、Shockwave 影片和其他某些对象时，Dreamweaver 是否提示用户输入附加的信息。如果未选中该复选框，则不出现对话框，用户必须使用【属性】检查器指定图像的源文件和表格中的行数等。

⑥ 允许双字节内联输入：使用户能够直接在【文档】窗口中输入双字节文本(当用户正在使用适合于双字节文本(如日语字符)的开发环境或语言工具包时)。如果取消选中该复选框，将显示一个用于输入和转换双字节文本的文本输入窗口；文本被接受后显示在【文档】窗口中。

⑦ 标题后切换到普通段落：指定在【设计】视图中于一个标题段落的结尾按下 Enter (Windows)或 Return (Macintosh)键时，将创建一个用 p 标签进行标记的新段落(标题段落是用 h1 或 h2 等标题标签进行标记的段落)。当取消选中该复选框时，在标题段落的结尾按下 Enter 或 Return 键将创建一个用同一标题标签进行标记的新段落(允许用户在一行中键入多个标题，然后返回并填入详细信息)。

⑧ 允许多个连续的空格：指定在【设计】视图中输入两个或更多的空格时将创建不中断的空格，这些空格在浏览器中显示为多个空格。例如，用户可以在句子之间输入两个空格，就如同在打字机上一样。该复选框主要针对习惯于在字处理程序中输入的用户。当取消选中该复选框时，多个空格将被当做单个空格(因为浏览器将多个空格当做单个空格)。

⑨ 用<strong>和<em>代替<b>和<i>：指定 Dreamweaver 每当执行通常会应用 b 标签的操作时改为应用 strong 标签，以及每当执行通常会应用 i 标签的操作时改为应用 em 标签。此类操作包括在 HTML 模式下的文本【属性】检查器中单击【粗体】或【斜体】按钮，以及选择【文本】|【样式】|【粗体】或【文本】|【样式】|【斜体】。若用户要在文档中使用 b 和 i 标签，则取消选中此复选框。

WWW 联合会不鼓励使用 b 和 i 标签，strong 和 em 标签提供的语义信息比 b 和 i 标签更明确。

⑩ 在<p>或<h1>-<h6> 标签中放置可编辑区域时发出警告：指定在保存段落或标题标签内具有可编辑区域的 Dreamweaver 模板时是否显示警告信息。该警告信息会通知用户无法在此区域中创建更多段落。默认情况下会选中此复选框。

⑪ 历史步骤最多次数：确定在【历史记录】面板中保留和显示的步骤数(默认值对于大多数用户来说应该足够使用)。如果超过了【历史记录】面板中的给定步骤数，则将丢弃最早的步骤。(有关详细信息，可参阅任务自动化。)

⑫ 拼写字典：列出可用的拼写字典。如果字典中包含多种方言或拼写惯例(如"英语"(美国)和"英语"(英国))，则方言单独列在"字典"弹出菜单中。

⌐ 注意

通过设置【常规】首选参数，以便能输入连续空格的方法是最简单和方便的。

(3) 在【分类】列表中选择【在浏览器中预览】类，如图 2.8 所示。

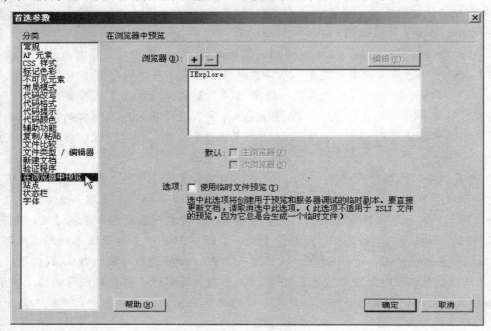

图 2.8 选择【在浏览器中预览】类

(4) 单击右边的 ➕ 按钮，在弹出的【添加浏览器】对话框中进行设置，如图 2.9 所示。

图 2.9 【添加浏览器】对话框

⌐ 提示

在【应用程序】文本框中通过【浏览】选择 Firefox 浏览器安装目录下的 firefox.exe 程序。因 Firefox 安装位置不同，选择路径会有所不同。

选中【默认】项中的【主浏览器】复选框，在使用 Dreamweaver 制作网页的过程中，可以通过快捷键 F12 调用 Firefox 浏览器对网页进行预览。

【在浏览器中预览】分类中各选项的含义如下。

最多可以定义 20 个用于预览的浏览器，并且可以指定主浏览器和次浏览器。建议在以下浏览器中预览站点：Internet Explorer 6.0、Netscape Navigator 7.0 和仅适用于 Macintosh 的 Safari

浏览器。除了这些比较常用的图形化浏览器之外，用户可以在只显示文本的浏览器(如 Lynx)中测试页面。

① 若要向列表添加浏览器，可单击加号(+)按钮，在【添加浏览器】对话框中添加浏览器，然后单击【确定】按钮。

② 若要从列表中删除浏览器，可选择要删除的浏览器，然后单击减号 (–) 按钮。

③ 若要更改选定浏览器的设置，可单击【编辑】按钮，在【编辑浏览器】对话框中进行更改，然后单击【确定】按钮。

选中【主浏览器】或【次浏览器】复选框，可指定所选浏览器是主浏览器还是次浏览器。按 F12(或 Windows)键将打开主浏览器，按 Ctrl+F12(或 Windows)键将打开次浏览器。

选中【使用临时文件预览】复选框，可创建供预览和服务器调试使用的临时副本。取消选中此复选框可直接更新文档。

④ 字体。文档的编码决定了如何在浏览器中显示文档。Dreamweaver 的【字体】首选参数使用户能够以喜爱的字体和大小查看给定的编码。用户选择的字体不会影响文档在访问者的浏览器中的显示方式。

a. 字体设置。用于指定在 Dreamweaver 中针对使用给定编码类型的文档所用的字体集。为所选编码的每个类别选择要使用的字体和大小。

若要在字体弹出菜单中显示一种字体，该字体必须已安装在计算机上。例如，若要查看日语文本，则必须安装日语字体。

b. 均衡字体。Dreamweaver 用于显示普通文本(如段落、标题和表格中的文本)的字体为均衡字体，其默认值取决于系统上安装的字体。对于大多数美国系统而言，在 Windows 中默认的字体为 Times New Roman 12 pt(中)，在 Mac OS 中默认的字体为 Times 12 pt。

c. 固定字体。Dreamweaver 在显示 pre、code 和 tt 标签内部的文本时所使用的字体为固定字体，其默认值取决于系统上安装的字体。对于大多数美国系统而言，在 Windows 中默认的字体为 Courier New 10 pt(小)，在 Mac OS 中默认的字体为 Monaco 12 pt。

d. 代码视图。在【代码】视图和【代码】检查器中显示的所有文本使用的字体，其默认值取决于系统上安装的字体。

(5) 在【添加浏览器】对话框中单击 确定 按钮，完成对【在浏览器中预览】首选参数的设置。

(6) 在【分类】列表中选择【状态栏】类，并在【连接速度】下拉列表框中选择适当的值，如图 2.10 所示。

📁 提示

Dreamweaver 会根据整个页面内容(包括所有链接对象，如图像和插件)来计算页面大小，并根据在【状态栏】首选参数中设置的连接速度来估计下载时间，并在 Dreamweaver 状态栏中实时显示出来(如 36 K / 3 秒)。实际的下载时间因网络条件不同而有所不同。

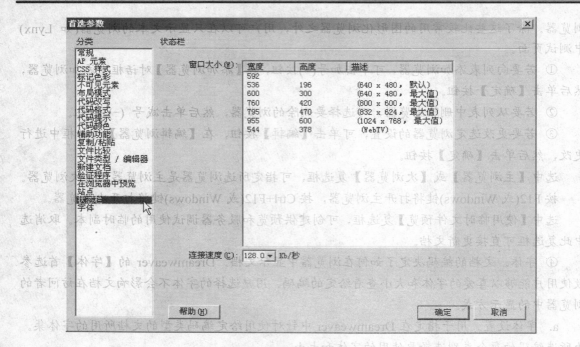

宽度	高度	描述
592		
536	196	(640 x 480，默认)
600	300	(640 x 480，最大值)
760	420	(800 x 600，最大值)
795	470	(832 x 624，最大值)
955	600	(1024 x 768，最大值)
544	378	(WebTV)

连接速度(C)：128.0 ▼ Kb/秒

图 2.10　设置【状态栏】首选参数

注意

检查一个特定网页的下载时间时，应遵循"8 秒钟原则"，即大多数的用户等待加载一个页面的时间不会超过 8 秒钟。

(7) 单击【首选参数】对话框中的　确定　按钮，完成对 Dreamweaver 首选参数的设置。

提示

首选参数中【复制/粘贴】分类中各选项含义如下。

当使用【编辑】|【粘贴】命令从其他应用程序中粘贴文本时，可以将【选择性粘贴】首选参数设置为默认选项。例如，如果始终要将文本粘贴为纯文本或带有基本格式设置的文本，可以在【复制/粘贴首选参数】对话框中设置默认选项。

当用户将文本粘贴到 Dreamweaver 文档中时，可以使用【粘贴】或【选择性粘贴】命令。【选择性粘贴】命令允许用户以不同的方式指定所粘贴文本的格式。例如，如果要将文本从带格式的 Microsoft Word 文档粘贴到 Dreamweaver 文档中，但是想要去掉所有格式设置，以便能够向所粘贴的文本应用自己的 CSS 样式表,用户可以在 Word 中选择文本,将它复制到剪贴板，然后使用【选择性粘贴】命令选择只粘贴文本的选项。

① 纯文本：粘贴无格式文本。如果原始文本带有格式，则粘贴时所有格式设置(包括分行和段落)都将被删除。

② 带结构的文本：粘贴文本并保留结构，但不保留基本格式设置。例如，用户可以粘贴文本并保留段落、列表和表格的结构，但是不保留粗体、斜体和其他格式设置。

③ 带结构的文本以及基本格式：可以粘贴结构化并带简单 HTML 格式的文本(如段落和表格以及带有 b、i、u、strong、em、hr、abbr 或 acronym 标签的格式化文本)。

④ 带结构的文本以及全部格式：可以粘贴文本并保留所有结构、HTML 格式设置和 CSS 样式。

完整格式选项不能保留来自外部样式表的 CSS 样式，如果从其中获取粘贴内容的应用程序在将内容粘贴到剪贴板时没有保留样式，此选项也不能保留样式。

⑤ 保留换行符：可保留所粘贴文本中的换行符。如果选择了【仅文本】，则此选项将被禁用。

⑥ 清理 Word 段落间距：如果选择了【带结构的文本】或【带结构的文本以及基本格式】，并要在粘贴文本时删除段落之间的多余空白，可选择此选项。

2.3　Dreamweaver 网站站点设置

站点是网站中所使用的所有文件和资源的集合，用户可以在计算机上创建 Web 页，也可将 Web 页上传到 Web 服务器，并可随时在保存文件后传输更新来对站点进行维护，在建立网站之前应该先建立站点。

【课堂案例 2-4】建立个人博客网站站点

1) 案例要求

利用 Dreamweaver 建立个人博客网站站点。

2) 操作步骤：

(1) 打开在第 1 章课堂案例中所建立的 MyBlog 文件夹，如图 2.11 所示。

图 2.11　第 1 章课堂案例中的文件

(2) 将 rizhi1-1.htm、rizhi1-2.htm 和 rizhi1-3.htm 文件删除，并将 rizhi1-4.htm 重命名为 rizhi.htm，如图 2.12 所示。

(3) 在 Dreamweaver 中选择【站点】|【新建站点】命令，如图 2.13 所示。

图 2.12　删除多余文件并重命名

图 2.13　选择【新建站点】命令

提示

也可以选择【站点】|【管理站点】命令，然后在【管理站点】对话框中选择【新建】命令，打开【站点设置对象】对话框。

(4) 在弹出的【站点设置对象】对话框中进行设置，如图 2.14 所示。

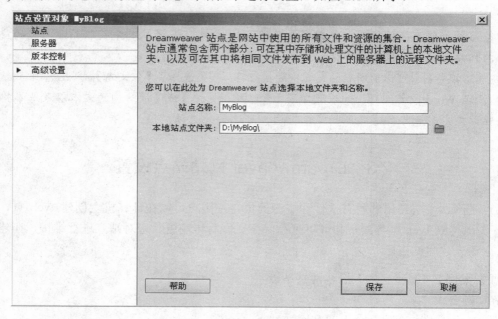

图 2.14　设置站点基本信息

🗂 提示

站点名称应该设置成本地文件夹的名称相同，以方便管理。

(5) 选择左边的【高级设置】|【本地信息】命令，然后在右边设置默认图像文件夹的信息，如图 2.15 所示。

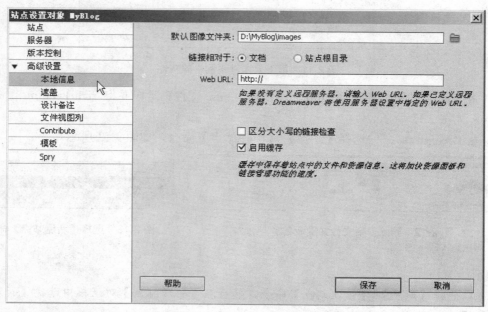

图 2.15　设置默认图像文件夹信息

📁 **提示**

设置默认图像文件夹后，即使在网页中插入非站点中的图像，图像也会自动添加到当前站点的默认图像文件夹中。

📋 **注意**

每个站点都应该指定默认图像文件夹，以保证网页中图像路径的正确。

(6) 单击 保存 按钮，完成对站点的设置，如图 2.16 所示。

图 2.16　站点信息

📁 **提示**

建立好站点后，可以通过选择【站点】|【管理站点】命令，对站点进行编辑、复制、删除和导出的操作。对已导出的站点可以进行导入的操作，如图 2.17 所示。

图 2.17　管理站点

除了设置本地站点外，还可以设置服务器信息，用于将本地已编辑好的网站上传到服务器。

2.4　建立个人博客网站站点实训

1. 实训目的

(1) 掌握利用 Dreamweaver 建立站点的方法。

(2) 理解站点的作用。

2．实训环境

在 Dreamweaver 中完成实训任务。

3．实训内容

参照课堂案例 2-4 的操作步骤，为个人博客网站建立站点。

本 章 小 结

本章主要介绍了 Dreamweaver 的工作环境、首选参数设置及站点设置的相关知识。Dreamweaver 的工作环境简洁明快，一旦熟悉了便可大大提高设计效率；Dreamweaver 中的首选参数命令提供了常规、AP 元素、CSS 样式、标记色彩、不可见元素、代码改写、代码格式、代码提示、代码颜色、辅助功能、复制/粘贴、文件比较、文件类型/编辑器、新建文档、验证程序、在浏览器中预览、站点、状态栏、字体共 19 类参数的设置，使用户能更高效方便地设计网页，体现出了 Dreamweaver 设计更加人性化；Dreamweaver 中的站点设置使用户更方便地管理网站文件，同时避免用户在制作过程中出现路径错误，导致网页元素无法显示。

通过对本章的学习，用户在具体制作网页之前首先完成各个参数以及相应的站点的设置，为后续网页的设计与制作提供便利。

习 题

一、选择题

1．下面不是在 Dreamweaver 中输入多个连续空格的方法的是(　　　)。

　　A．通过设置【常规】首选参数，选中【允许多个连续的空格】复选框

　　B．使用中文输入法，在全角状态下通过键盘空格键输入

　　C．在代码窗口中，连续输入

　　D．不需要做任何修改，直接在设计窗口中通过键盘空格键输入

2．可以通过设置(　　　)首选参数中的连接速度，使 Dreamweaver 能估计出网页下载所需的大概时间。

　　A．站点　　　　B．状态栏　　　　C．常规　　　　D．在浏览器中预览

二、填空题

1．对已经建立好的站点可以进行编辑、复制、删除和＿＿＿＿＿＿＿操作。

2．检查一个网页的下载时间时，应该遵循＿＿＿＿＿＿＿原则。

三、简答题

1．在 Dreamweaver 中，站点的作用是什么？

2．在站点中设置默认图像文件夹有何作用？

第 3 章　编辑网页文本及图像

教学目标

- 掌握网页文本的编辑方法
- 掌握图像的插入及编辑方法

教学要求

知识要点	能力要求
网页文本的编辑	(1) 在 Dreamweaver 中插入网页文本 (2) 格式化网页文本
图像的插入及编辑	(1) 在网页中插入图像 (2) 设置图像属性

重点难点

- 格式化网页文本
- 设置图像属性

本章将围绕个人博客网站中的【关于我】页面的制作，介绍在 Dreamweaver 中对网页文本和图像的编辑操作。

3.1　编辑网页文本

文本是网页中最基本的元素，具有信息量大、编辑方便、生成文件小、容易被浏览器下载等特点。因此，掌握好对文本的编辑，是做好网页的基本要求。

3.1.1　插入文本

文本是网页中不可缺少的内容之一，是网页中最基本的元素。在一些大型网站中，文字的主导地位是不可替代的。这是因为文字所占的存储空间很小，这样文字的下载速度将很快，可以最佳地利用网络带宽。网页中的文本以普通文本、段落文本或各种项目符号等形式显示。

1．插入普通文本

在网页中插入普通文本的方法很简单，与其他字处理软件中插入文本的方法相同，主要有以下几种方法。

1) 直接输入法

在 Dreamweaver 中新建网页或打开需要插入文本的网页，将光标定位到需要插入文本的位置，并且切换输入法即可插入相应的文本。

2) 复制粘贴法

在其他软件中选择需要插入的文本，按 Ctrl+C 键进行复制操作，然后回到网页中，将光标定位到需要插入文本的位置，按 Ctrl+V 键进行粘贴操作即可将选择的文本插入到相应位置。

3) 导入 Word 文档

若文本已经存储在相应的 Word 文档中，则首先将光标定位到网页中需要插入文本的位置，然后选择【文件】|【导入】|【Word 文档】命令，再选择相应的 Word 文档即可。

2．插入特殊符号

在网页中除了需要用到普通的文本以外，还可能会用到一些特殊符号，而一些特殊符号又不能通过键盘直接输入，则选择【插入记录】|【HTML】|【特殊字符】命令，此时弹出子菜单，如图 3.1 所示。用户只需要选择需要的特殊符号，若在此子菜单中没有满足要求的特殊字符，则选择【其他字符】命令，此时弹出【插入其他字符】对话框，如图 3.2 所示，用户从该对话框中单击需要的特殊符号即可。

图 3.1　【特殊字符】子菜单　　　　　图 3.2　【插入其他字符】对话框

3．插入段落文本

段落是文章思想内容在表达时由于转折、强调、间歇等情况所造成的文字停顿，人们习惯称它为"自然段"。在网页中，是以 Enter 键作为段落标记的。当在文档窗口中输入了一段文本，按 Enter 键后，已经输入的文本将转换为段落，在光标后再次输入的文本作为一个新的段落。

若希望段落与段落之间没有空行，那么可以按【Shift+Enter】键。

4．创建项目列表以及编号列表

在网页中，使用列表能有效地组织相应的项目。列表通常包括两种，即有序列表(编号列表)和无序列表(项目列表)。

1) 无序列表(项目列表)

选择需要创建项目列表的文本，然后选择【文本】|【列表】|【项目列表】命令。创建项目列表前后效果对比如图 3.3 所示。

2) 有序列表(编号列表)

选择需要创建项目列表的文本，然后选择【文本】|【列表】|【编号列表】命令。创建编号列表前后效果对比如图 3.4 所示。

列表项1 列表项2 列表项3	• 列表项1 • 列表项2 • 列表项3	列表项1 列表项2 列表项3	1. 列表项1 2. 列表项2 3. 列表项3

图 3.3　设置项目列表前后对比效果　　　　图 3.4　设置编号列表前后对比效果

在 Dreamweaver 中，可以在文档窗口中直接输入文本。

【课堂案例 3-1】【关于我】页面(一)

1) 案例要求

在【关于我】页面中插入文本。

2) 操作步骤

(1) 在 Dreamweaver 中新建 HTML 页面，命名为 about.htm，并保存到站点 MyBlog 中，如图 3.5 所示。

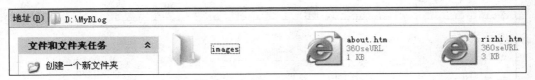

图 3.5　新建 about.htm 页面

(2) 设置标题为【关于我】，如图 3.6 所示。

图 3.6　设置标题

提示

① 网页标题应该高度概括整个网页的内容，可以帮助浏览者理解网页的内容，并在浏览历史记录和书签列表中标志页面。

② 另外，一个好的标题可以帮助网页被搜索引擎搜索到，同时也可以提高网页在搜索引擎中的排名。

(3) 在文档窗口中输入文字，如图 3.7 所示。

提示

在输入文本时，若要预输入分段，可以按 Enter 键；若要预输入换行，应该按 Shift+Enter 键。

(4) 将光标置于第一行文字末尾处，并按 Enter 键。

(5) 选择【插入】|【HTML】|【水平线】命令，如图 3.8 和图 3.9 所示。

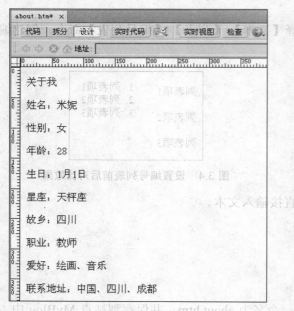

图 3.7　输入文本

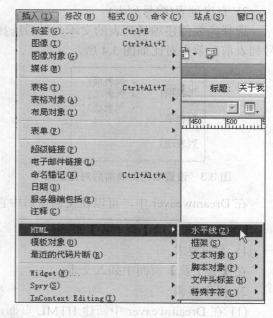

图 3.8　选择【插入】|【HTML】|【水平线】命令

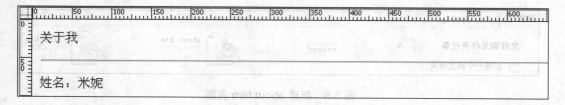

图 3.9　在页面中插入水平线

提示

① 水平线又称分割线，可以形成视觉上的隔离。

② 另外，在网页中要插入一些通过键盘无法直接输入的字符时，可以选择【插入】|【HTML】|【特殊字符】子菜单下的一种，如图 3.10 所示。

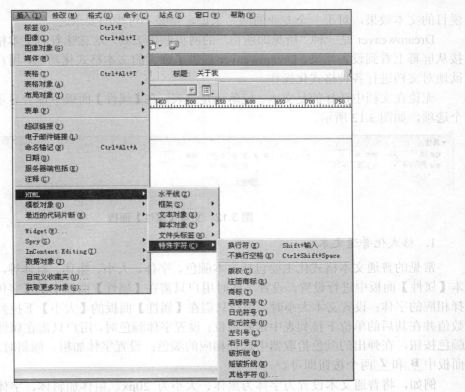

图 3.10 选择【插入】|【HTML】|【特殊字符】

(6) 在 Dreamweaver 中继续输入文本，如图 3.11 所示。

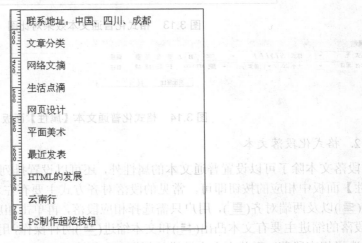

图 3.11 输入其他文本

(7) 保存网页文件。

3.1.2 格式化文本

无论制作网页的目的是什么，文本都是网页中不可缺少的元素。良好的文本格式能够充分体现文档要表述的意图，激发读者的阅读兴趣。在文档中构建丰富的字体、段落格式以及赏心悦目的文本效果，对于一个专业的网站来说，是必不可少的要求之一。

Dreamweaver 是一种"所见即所得"的网页制作工具，这意味着对文本格式的设置可以直接从屏幕上看到设置结果，Dreamweaver 提供了强大的文本格式化功能，用户几乎可以随心所欲地对文档进行各种格式化操作。

无论在文档中选择的是文本、段落还是列表，在【属性】面板中都会显示文本属性中的各个选项，如图 3.12 所示。

图 3.12 文本【属性】面板

1. 格式化普通文本

常见的普通文本格式化主要包括文本颜色、字体、大小、粗体、斜体等，这些均可以在文本【属性】面板中进行设置。设置字体时用户只需在【属性】面板中的【字体】下拉列表中选择相应的字体；设置文本大小时，用户只需在【属性】面板的【大小】下拉列表框中选择相应数值并在其后的单位下拉列表中选择单位；设置字体颜色时，用户只需在属性面板中单击文本颜色按钮，在弹出的颜色拾取器中选择相应的颜色；设置字体加粗、倾斜时只需单击【属性】面板中 **B** 和 *I* 两个按钮即可。

例如，将普通文本设置为字体为黑体、大小为 20px、粗体加斜体、字体颜色为红色后的效果对比如图 3.13 所示，文本【属性】面板的设置如图 3.14 所示。

图 3.13 格式化普通文本效果对比图

图 3.14 格式化普通文本【属性】面板

2. 格式化段落文本

段落文本除了可以设置普通文本的属性外，还可以设置排列方式、缩进等。用户只需单击【属性】面板中相应的按钮即可。常见的段落对齐方式主要有左对齐(≣)、居中对齐(≣)、右对齐(≣)以及两端对齐(≣)，用户只需选择相应段落，再单击相应的对齐按钮即可设置对齐方式；段落的缩进主要有文本凸出(≣)和文本缩进(≣)两种操作，用户需要增加段落的左缩进时，只需选择相应段落，再单击文本缩进按钮即可；用户需要减少段落的左缩进时，只需选择相应段落，再单击文本凸出按钮即可。

3. 格式化列表

若要更改列表类型(将编号列表转换为项目列表或将项目列表转换为编号列表)，用户只需要选择需要更改的列表项目，再单击相应属性面板中的编号列表按钮(≣)或项目列表按钮(≣)即可。

若要更改列表的样式、开始计数值时,用户首先选择需要更改的相应列表项目,再选择【文本】|【列表】|【属性】命令,此时系统弹出【列表属性】对话框,如图 3.15 所示。用户根据需要在该对话框中选择相应的选项即可。

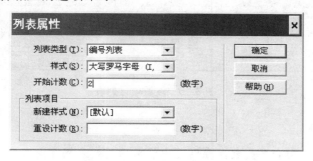

图 3.15　【列表属性】对话框

在 Dreamweaver 中输入文本以后,可以利用【属性】面板对文本进行格式化。

【课堂案例 3-2】【关于我】页面(二)

1) 案例要求

利用【属性】面板格式化文本内容。

2) 操作步骤

(1) 打开课堂案例 3-1 中完成的页面 about.htm。

(2) 选择【关于我】文字,并在【属性】面板中设置格式为"标题 1",如图 3.16 所示。

提示

标题字格式分为标题 1、标题 2、标题 3、标题 4、标题 5 和标题 6。默认情况下,标题 1 字体大小最大,其次是标题 2,标题 6 字体大小最小。

(3) 选择"文章分类"文字,并在【属性】面板中设置格式为"标题 2",如图 3.17 所示。

图 3.16　设置"标题 1"格式

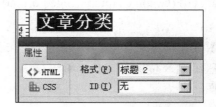

图 3.17　设置"标题 2"格式

(4) 按步骤(8)的方法,将文字"最近发表"的格式设置为"标题 2"。

(5) 选择"文章分类"下面的 4 段文字,并在【属性】面板中单击 ▤ 按钮,将文字设置为项目列表,如图 3.18 所示。

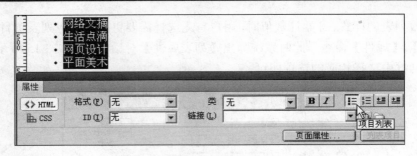

图 3.18 设置项目列表

📂 提示

列表分为项目列表和有序列表，在网页中经常使用列表描述内容。

(6) 按步骤(5)的方法给"最近发表"下面的文字设置项目列表格式。

(7) 保存网页文件。

3.2 编辑网页图像

网页中的图像比文本更直观，图像可以使网页更加美观、形象生动，从而丰富了网页内容，并吸引更多的浏览者。

3.2.1 图像格式

图像是使网页充满吸引力的非文本元素，它不但能美化页面，而且能更直观地表达网页的主题和需要传达的信息。常用的网页图像格式主要有 PNG 格式、GIF 格式、BMP 格式、TIFF 格式、JPEG 格式和 TGA 格式。

1. PNG(Portable Network Graphic)

PNG 格式是 Web 图像中最通用的格式。它是一种无损压缩格式，但是如果没有插件支持，有的浏览器可能不支持这种格式。PNG 格式最多可以支持 32 位颜色，但是不支持动画图。

2. GIF(Graphics Interchange Format)

GIF 是 Web 上最常用的图像格式，它可以用来存储各种图像文件。特别适用于存储线条、图标和计算机生成的图像、动画和其他有大色块的图像。GIF 文件非常小，它形成的是一种压缩的 8 位图像文件，所以最多只支持 256 种不同的颜色。GIF 支持动态图、透明图和交织图。

3. BMP(Windows Bitmap)

BMP 格式使用的是索引色彩，它的图像具有极其丰富的色彩，可以使用 16MB 色彩渲染图像。此格式一般用在多媒体演示和视频输出等情况中。

4. TIFF(Tag Inage File Format)

对色彩通道图像来说，TIFF 格式是最有用的格式，它支持 24 个通道，能存储多于 4 个通道。TIFF 格式的结果要比其他格式更大、更复杂，它非常适合于印刷和输出。

5. JPEG(Joint Photographic Experts Group)

JPEG 是 Web 上仅次于 GIF 的常用图像格式。JPEG 是一种压缩得非常紧凑的格式，专门用于不含大色块的图像。JPEG 的图像有一定的失真度，但是在正常的损失下，肉眼分辨不出 JPEG 和 GIF 图像的差别，且内容相同的 JPEG 文件只有 GIF 文件的 1/4 大小。JPEG 对图标之类的含大色块的图像不很有效，不支持透明图和动态图。

6. TGA(Targa)

TGA 格式与 TIFF 格式相同，都可以用来处理高质量的色彩通道图形。

另外，PDD 格式、PSD 格式也是存储包括通道的 RGB 图像的最常见的文件格式。

3.2.2　插入图像

在网页中可插入许多类型的图像，如背景图像、普通图像、鼠标经过图像、分层图像等。在插入不同的图像时，其操作方法有所不同，下面分别进行介绍。

1. 插入背景图像

常用的背景图像一般可以应用在网页背景和表格(行、单元)背景上，属于 Dreamweaver 中的一种页面属性。在背景图像上用户可以进行输入文本、插入图像等操作，但不影响背景图像本身的显示。

插入背景图像的方法是单击【属性】面板中的【页面属性】按钮(　页面属性…　)，此时系统弹出【页面属性】对话框，如图 3.19 所示。单击【浏览】按钮(　浏览(B)…　)，选择作为背景图像的图像即可。

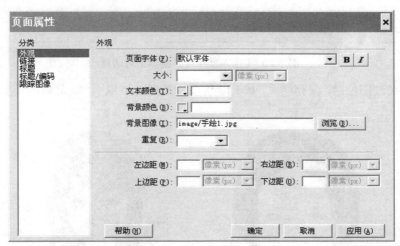

图 3.19　【页面属性】对话框

在默认情况下，背景图像的重复方式为重复，而除了重复以外，还有横向重复、纵向重复以及不重复；若用户需要更改重复方式，只需在图 3.19 中的【重复】下拉列表中选择相应的重复方式即可。

2. 插入普通图像

插入普通图像是拼合网页常用的方式之一，当插入普通图像时，在该图像上不能插入文本、图像等其他元素。

插入普通图像的方法是首先将光标定位到需要插入图像的位置，再选择【插入记录】|【图像】命令，此时系统弹出【选择图像源文件】对话框，用户根据需要选择插入的图像即可。

3. 插入鼠标经过图像

鼠标经过图像是指当鼠标指针经过一幅图像时，图像的显示会变为另一幅图像。鼠标经过图像实际上是由两幅图像组成，即初始图像(页面首次装载时显示的图像)和替换图像(当鼠标指针经过时显示的图像)。用于鼠标经过图像的两幅图像大小必须相同。如果图像的大小不同，Dreamweaver 会自动调整第二幅图像的大小，使之与第一幅图像匹配。

插入鼠标经过图像的方法是首先将光标定位到需要插入鼠标经过图像的位置，再选择【插入记录】|【图像对象】|【鼠标经过图像】命令，此时弹出【插入鼠标经过图像】对话框，如图 3.20 所示。分别单击【原始图像】后的【浏览】按钮和【鼠标经过图像】后的【浏览】按钮，选择不同的原始图像和鼠标经过图像即可。若单击图像时需要实现超级链接，则单击【按下时，前往的 URL】后的【浏览】按钮选择超级链接的目的地或者直接在输入框中输入超级链接的目的地。

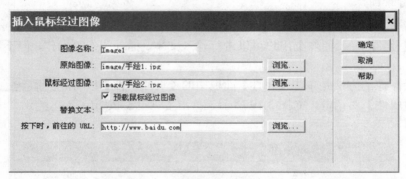

图 3.20 【插入鼠标经过图像】对话框

插入鼠标经过图像后，保存网页，按 F12 键在浏览器中浏览网页，此时的预览效果如图 3.21 所示。

图 3.21 鼠标经过图像前后效果对比

4. 插入分层图像

通常情况下，插入网页中的图像为 GIF 或者 JPEG 格式，但是由于 Dreamweaver CS5 包括了与 Photoshop CS3 相同的增强的集成功能，这样在 Dreamweaver 中就可以插入具有多个图层的图像。与 Photoshop CS3 相结合，还可以根据不同的情况插入选区图像或者切片图像。

1) 插入 PSD 格式图像

插入 PSD 格式图像的方法与插入普通图像的方法相同，只需选择图像时选择 PSD 格式图像即可。在选择了相应的图像后，系统弹出【图像预览】对话框，如图 3.22 所示，用于预览图像效果以及设置图像将要显示在网页中的格式。

图 3.22　【图像预览】对话框

2) 插入一层图像

由于 PSD 图像为一个多图层图像，所以还可以在 Photoshop CS3 中选择并复制一个图层，然后粘贴到 Dreamweaver CS5 中。

插入一层图像的方法是首先启动 Photoshop CS3，选择其中需要的一层图像，执行全选操作，再执行复制操作，进入 Dreamweaver CS5，将光标定位到需要插入该图像的位置，执行粘贴操作，此时弹出如图 3.22 所示的【图像预览】对话框，用户根据需要设置好格式、大小等后，单击【确定】按钮即可。

3) 插入选区图像

除了复制单个图层的图像到网页中以外，还可以复制整幅图像中的一部分到网页中。

插入选区图像的方法是首先启动 Photoshop CS3，利用 Photoshop CS3 中的选取工具选择其中需要的部分图像，执行复制操作，进入 Dreamweaver CS5，将光标定位到需要插入该图像的位置，执行粘贴操作，此时弹出如图 3.22 所示的【图像预览】对话框，用户根据需要设置好格式、大小等后，单击【确定】按钮即可。

4）插入切片图像

在 Dreamweaver CS5 中还可以插入利用 Photoshop CS3 切片的切片图像。

插入切片图像的方法是首先启动 Photoshop CS3，利用 Photoshop CS3 中的切片工具（🔪）对图像进行切片，再使用切片选择工具（🔪）选择需要的切片图像，执行复制操作，进入 Dreamweaver CS5，将光标定位到需要插入该图像的位置，执行粘贴操作，此时弹出如图 3.22 所示的【图像预览】对话框，用户根据需要设置好格式、大小等后，单击【确定】按钮即可。

在 Dreamweaver 中可以很方便地向网页中添加图像，并对图像进行编辑。

【课堂案例 3-3】【关于我】页面(三)

1）案例要求

在【关于我】页面中添加图像。

2）操作步骤

(1) 将在【关于我】页面中要用到的图片复制到站点的 images 文件夹下，如图 3.23 所示。

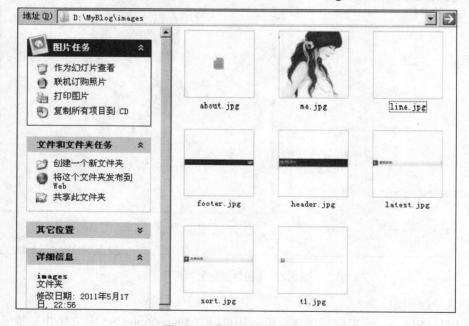

图 3.23　将图片复制到站点

📋 注意

为确保图片路径的正确性，必须将网页中要使用的图片置于站点内。

(2) 在 Dreamweaver 中，打开课堂案例 3-2 中完成的页面 about.htm。

(3) 将光标置于文档开始，选择【插入】|【图像】命令，在弹出的【选择图像源文件】对话框中选择 header.jpg 图像，如图 3.24 所示。

📁 提示

① 网页中经常使用的图像包括 JPEG、GIF 和 PNG 3 种。

② 3 种格式图像的主要特点如下。

a. JPEG 图像：具有丰富的色彩，最多可以显示 1670 万种颜色，采用有损压缩，下载速度快。

b. GIF 图像：最多可以显示 256 种颜色，支持透明背景和交织显示，并且可以保存动画。

c. PNG：是 Fireworks 的源文件格式，具有丰富的色彩，最多可以显示 1670 万种颜色，支持背景透明。

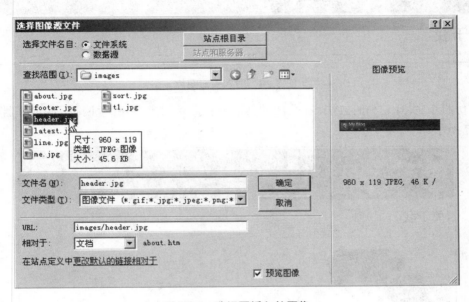

图 3.24 选择要插入的图像

(4) 在【选择图像源文件】对话框中，单击 确定 按钮，在弹出的【图像标签辅助功能属性】对话框中进行设置，如图 3.25 所示。

图 3.25 设置图像替换文本

📁提示

① 当在浏览器中打开网页，鼠标移动到图片位置上时，会显示出替换文本，帮助浏览者理解图片信息。

② 有时图片不能在浏览器中正常显示，图片的位置就会变成空白区域，设置替换文本可以让浏览者在图片不能正常显示时，也能了解图片信息。替换文本相当于图片的文字说明。

③ 要设置替换文本，也可以在插入图像后，通过设置【属性】面板的【替换】项来实现。

(5) 在【图像标签辅助功能属性】对话框中，单击 确定 按钮，网页的头部插入了相应图片，如图 3.26 所示。

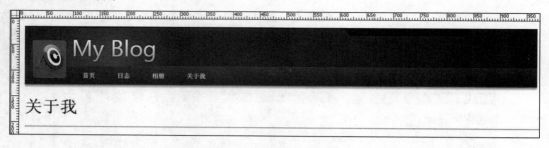

图 3.26　插入头部图片

(6) 仿照步骤(3)~(5)的方法，在页面的其他位置插入图像，并保存网页，在浏览器中预览，如图 3.27 所示。

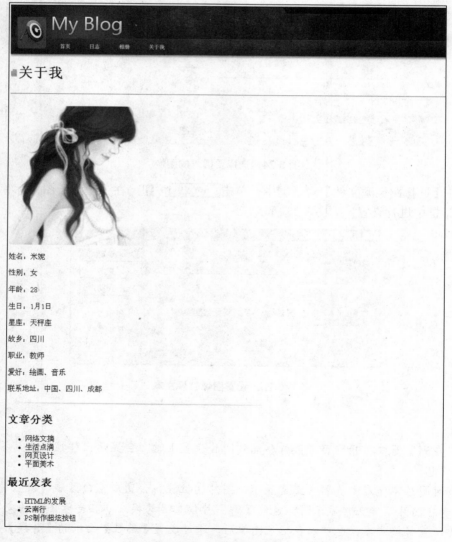

图 3.27　插入其他图片

提示

在【关于我】的前面插入 about.jpg 图片，在水平线的下面插入 me.jpg 图片，在 "文章分类" 的上面插入 line.jpg 图片。

3.2.3　设置图像属性

插入图像后，可以通过【属性】面板对图像的各属性进行设置。

选择相应的图像时，在【属性】面板中会显示出图像的相关属性，如图 3.28 所示。在该面板中可以设置图像名称、图像大小、图像超级链接、边框、对齐方式等属性。

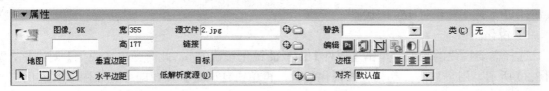

图 3.28　图像【属性】面板

1. 设置图像大小

在网页中图像大小主要是指图像的宽和高，用户选择需要设置大小的图像后，在【属性】面板的【宽】和【高】后的文本框中输入需要的宽和高数值即可改变图像的大小。

2. 设置图像对齐方式

当在文本中插入图像时，需要设置文本与图像之间的对齐方式，而这种对齐方式主要有基线、顶端、居中、底部、文本上方、绝对居中、绝对底部、左对齐、右对齐以及默认值几种。用户选择需要设置对齐方式的图像后，在【属性】面板的【对齐】下拉列表中选择需要的对齐方式即可。

3. 设置图像位置

当图像与文本混排时，除了需要设置图像与文本之间的对齐方式外，还需要设置图像与文本之间的间隔距离，此时只需要设置图像的垂直边距和水平边距。用户选择需要设置位置的图像后，在【属性】面板的【垂直边距】和【水平边距】后的文本框中分别输入数值即可改变图像与文本之间的间隔距离。

4. 设置图像边框

当需要为图像添加边框时，用户选择需要设置边框的图像后，在【边框】后的文本框中输入边框大小的数值，再按 Enter 键即可。

5. 编辑图像

在网页中对图像的编辑主要有利用 PS 编辑、优化、裁剪、重新取样、亮度和对比度、锐化。

1) 利用 PS 编辑

选择需要编辑的图像，单击【属性】面板的编辑按钮(Ps)，此时将启动 Photoshop CS3 软件，用户可在该软件中对图像进行编辑。

2) 优化图像

选择需要优化的图像,单击【属性】面板的优化按钮(▣),此时弹出【图像预览】对话框,用户根据需要设置好各选项后,单击【确定】按钮即完成图像的优化。

3) 裁剪图像

选择需要裁剪的图像,单击【属性】面板的裁剪按钮(▢),此时可以拖动图像上的黑色方块调整裁剪大小,调整完成后双击或者按 Enter 键即可完成图像的裁剪。

4) 调整图像的亮度和对比度

选择需要调整的图像,单击【属性】面板的亮度和对比度按钮(◑),此时弹出【亮度/对比度】对话框,如图 3.29 所示,用户只需拖动相应的亮度或对比度的滑块,再单击【确定】按钮即可完成亮度和对比度的调整。

5) 锐化图像

选择需要锐化的图像,单击【属性】面板的锐化按钮(△),此时弹出【锐化】对话框,如图 3.30 所示,用户只需拖动相应的锐化滑块,再单击【确定】按钮即可完成图像的锐化。

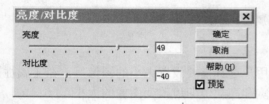

图 3.29 【亮度/对比度】对话框   图 3.30 【锐化】对话框

【课堂案例 3-4】关于我页面(四)

1) 案例要求

设置【关于我】页面中的图像的属性。

2) 操作步骤

(1) 在 Dreamweaver 中,选择 me.jpg 图片,并在【属性】面板中对其进行设置,如图 3.31 所示。

图 3.31 设置图像属性

📁 提示

① 【对齐】项:设置图片与文本的对齐方式,以实现图文混排。

② 【垂直边距】和【水平边距】项:用于设置图片周围的元素与图片的边之间的距离。

③ 【宽】和【高】项:设置图片的大小。

④ 【源文件】项:设置图像路径。

⑤ 【替换】项:设置图像的说明文字。

注意

① 改变图像大小时，应该按等比例缩放，不然图像可能会变形。

② 一定要保证图片路径的正确性。

(2) 保存 about.htm，并在浏览器中预览，如图 3.32 所示。

图 3.32　【关于我】页面

3.3　利用 Dreamweaver 制作【关于我】页面实训

1. 实训目的

(1) 掌握文本的插入及格式化方法。

(2) 掌握图像的插入及图像属性的设置方法。

2. 实训环境

在 Dreamweaver 中完成实训任务。

3. 实训内容

参照课堂案例 3-1～3-4 的操作步骤，制作【关于我】页面。

本 章 小 结

　　本章主要介绍了在 Dreamweaver 中插入网页文本(普通文本、特殊符号、段落文本、项目列表以及编号列表)和图像(背景图像、普通图像、鼠标经过图像、分层图像)的方法，以及文本的格式化、图像属性的设置方法。

　　文本是网页中必不可少的元素，图像能让网页变得丰富多彩，使网页充满吸引力，不但能美化页面，而且能更直观地表达网页的主题和需要传达的信息。通过对本章的学习，网页制作者能方便快捷地完成相应文本、图像的输入以及格式化，为创建优秀的网页奠定基础。

习　　题

一、选择题

1．通过设置图片的(　　　)属性，可以给图片添加说明文字。

 A．ID   B．源文件   C．替换   D．链接

2．要在页面中插入版权符号，在 Dreamweaver 中可以通过(　　　)命令实现。

 A．【插入】|【特殊字符】   B．【格式】|【字体】

 C．【插入】|【HTML】|【特殊字符】   D．键盘直接输入

二、填空题

1．_____应该高度概括整个网页的内容，可以帮助浏览者理解网页的内容，并在浏览历史记录和书签列表中标志页面。

2．在站点根目录 MyBlog 下有 about.htm 文件和 images 文件夹，images 文件夹下有 aboutme.jpg 文件。要在 about.htm 中插入 aboutme.jpg，则图片的路径为_____。

三、简答题

1．网页中常用的图像格式有哪几种，分别有什么特点？

2．为什么要将网页中的图片置于站点的 images 文件夹中？

第4章 设置超级链接

教学目标

● 掌握超级链接的设置方法

教学要求

知识要点	能力要求
路径	正确使用相对路径和绝对路径
超级链接的创建	(1) 创建站内链接 (2) 创建站外链接 (3) 创建邮件链接 (4) 创建锚点链接 (5) 创建文件下载链接
图像映射	设置图像映射

重点难点

● 创建超级链接
● 设置图像映射

本章将在前面章节所完成的个人博客网站的部分页面中设置链接,使得这些页面之间可以相互跳转,形成一个整体。

4.1 路 径 概 述

HTML 初学者经常会遇到这样一个问题, 做好的网页在自己的机器上可以正常浏览, 而把页面传到服务器上就总是出现看不到图片、CSS 样式表失效等错误。这种情况多半是由于用户使用了错误的路径，导致浏览器无法在指定的位置打开指定的文件。

在一个网站中，每一个文件都有一个存放的位置，一个文件和另一个文件之间都有一个路径关系，了解清楚这个路径关系对建立正确的超级链接至关重要。

要正确创建超级链接，必须正确地使用路径。一般来说，路径有两类，即绝对路径和相对路径。

4.1.1　绝对路径

绝对路径是指包含传输协议的文件的完整路径。绝对路径必须提供所链接文档的完整URL，而且包括所使用的协议(如对于 Web 页面，通常使用 http://)，例如，http://www.baidu.com。

必须使用绝对路径，才能链接到其他服务器上的文档。对本地链接(即到同一站点内文档的链接)也可以使用绝对路径链接，但不建议采用这种方式，因为一旦将此站点移动到其他域，则所有本地绝对路径链接都将断开。通过对本地链接使用相对路径，还能够在需要在站点内移动文件时提高灵活性。

【课堂案例 4-1】打开网络资源

1) 案例要求

在浏览器地址栏中输入完整地址，打开 W3CSchool 在线教程网站首页。

2) 操作步骤

(1) 启动浏览器程序。

(2) 在浏览器地址栏中输入 http://www.w3cschool.cn/index.html，然后按 Enter 键，打开如图 4.1 所示页面。

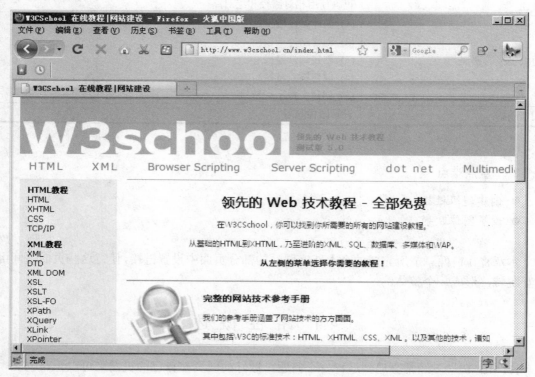

图 4.1　W3Cschool 在线教程网站首页

📁 **提示**

①　地址 http://www.w3cschool.cn/index.html 包括了 3 个部分：传输协议(http)、域名即主机地址(www.w3cschool.cn 即 184.105.158.129)和具体的文件(index.html)。通常把包括了这 3 个部分的地址称为 URL(Uniform Resource Locator，统一资源定位器)。

②　绝对路径还有如 ftp://10.10..20/soft 等。

📋 **注意**

绝对路径一般用于查找或描述网络上的一个资源，对同一个网站内文件与文件之间的位置关系来说，一般用相对路径。

4.1.2　相对路径

相对路径指的是相对于当前位置，找到目的文件所经过的路径，分为相对文件路径和相对根目录路径。

对于大多数 Web 站点的本地链接来说，文档相对路径 通常是最合适的路径。在当前文档与所链接的文档位于同一文件夹中，而且可能保持这种状态的情况下，文档相对路径特别有用。文档相对路径还可用于链接到其他文件夹中的文档，方法是利用文件夹层次结构，指定从当前文档到所链接文档的路径。

文档相对路径的基本思想是省略掉对于当前文档和所链接的文档来说都相同的绝对路径部分，而只提供不同的路径部分。

例如，假设一个站点的结构如图 4.2 所示。

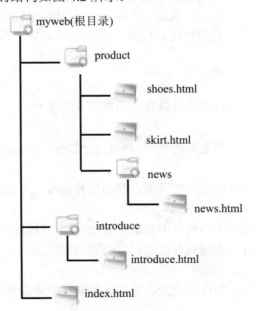

图 4.2　某一个站点的结构

若要从 shoes.html 链接到 skirt.html(两个文件位于同一文件夹中)，可使用相对路径 skirt.html。

若要链接到 news.html(在 news 子文件夹中)，可使用相对路径 news/news.html。每出现一个 /.. 斜杠，表示在文件夹层次结构中向下移一级。

若要链接到 index.html(位于父文件夹中 product.html 的上一级)，可使用相对路径 ../index.html。每出现一个 ../ 斜杠，表示在文件夹层次结构中向上移一级。

若要链接到 introduce.html(位于父文件夹的其他子文件夹中)，可使用相对路径../introduce/introduce.html。其中，../ 向上移至父文件夹，而 introduce/向下移至 introduce 子文件夹中。

若成组地移动文件，例如移动整个文件夹时，该文件夹内所有文件保持彼此间的相对路径不变，此时不需要更新这些文件间的文档相对链接。但是，在移动包含文档相对链接的单个文件，或移动由文档相对链接确定目标的单个文件时，则必须更新这些链接。如果使用【文件】面板移动或重命名文件，则 Dreamweaver 将自动更新所有相关链接。

📂 提示

(1) 在网站中使用相对文件路径较多，使用相对根目录路径较少。
(2) "/"在开始的位置表示根目录，在路径中的其他位置则表示层次关系。

4.2 创建超级链接

超级链接是网站的一个重要组成部分,它是一种允许同其他网页或站点之间进行连接的元素。一个完整的网站须通过超级链接将单个网页链接起来，从而形成一个整体。

所谓链接，指当鼠标移动到某些文字或者图片上时，单击文字或图片就会跳转到其他的页面。这些文字或者图片称为热点，跳转到的页面称为链接目标。超级链接是网站组成的一个重要元素，在互联网中，不同的链接目标其作用也各不相同，所以要根据需要创建相应的超级链接。

1. 超级链接的分类

根据链接目标的不同，可以将超级链接分为以下几种类型。

1) 内部链接

内部链接是指同一网站文档之间的链接。利用这种链接,可以跳转到本站点其他的页面中。

2) 外部链接

外部链接是指不同网站文档之间的链接。利用这种链接，可以跳转到其他网站的页面中。

3) 锚点链接

锚点链接是指同一网页或不同网页中指定位置的链接。利用这种链接，可以跳转到当前文档中的某个指定位置，也可以跳转到其他文档中的某一指定位置。

4) E-mail 链接

E-mail 链接是指发送电子邮件的链接。单击这种链接，可以启动电子邮件程序书写邮件，并发送到指定的地址。

5) 下载链接

当链接目标为软件或者压缩文件时，该链接即为下载链接。利用这种链接，可以实现文的在保存、打开等操作。

6) 脚本链接

脚本链接是执行 JavaScript 代码或调用 JavaScript 函数。它非常有用，能够在不离开当前 Web 页面的情况下为访问者提供有关某项的附加信息。脚本链接还可用于在访问者单击特定项时，执行计算、验证表单和完成其他处理任务。

7) 空链接

空链接是未指派的链接。空链接用于向页面上的对象或文本附加行为。例如，可向空链接附加一个行为，以便在指针滑过该链接时会交换图像或显示绝对定位的元素(AP 元素)。

根据链接载体的特点，可以将超级链接分为文本链接和图像链接。文本链接以文本作为链接载体，简单实用。图像链接用图像作为链接载体，能使网页美观、生动活泼，它既可以指向单个的链接，也可以根据图像不同的区域建立多个链接。

在 Dreamweaver 中可以很方便地为文本或图像创建超级链接。

2. 创建超级链接

1) 创建文本链接

若要创建文本链接，首先必须有文本作为热点，其次必须有链接目标，此时我们通过单击文本【百度】链接到相应的网页中。首先在网页中输入文本"百度"，选择该文本，在相应的【属性】面板的【链接】文本框中输入 http://www.baidu.com 即可。

设置完文本链接后的默认效果如图 4.3 所示。

图 4.3　文本链接效果及属性参数

2) 创建图像链接

若要创建图像链接，首先必须有图像作为热点，其次必须有链接目标，此时我们通过单击百度图标链接到相应的百度网页中。首先在网页中插入百度图标，选择该图像，在相应的【属性】面板的【链接】文本框中输入 http://www.baidu.com 即可。

设置完文本链接后的默认效果如图 4.4 所示。

图 4.4　图像链接效果及属性参数

3) 创建内部链接

创建内部链接的方法与创建文本链接或图像链接的方法相同，唯一不同的是此时链接目标必须是与链接文本或图像在同一网站中。

4) 创建外部链接

创建外部链接的方法与创建文本链接或图像链接的方法相同，唯一不同的是此时链接目标是与链接文本或图像不在同一网站中。此时，应特别注意输入【链接】文本框中的外部网站地址必须是完整的 URL。

5) 创建锚点链接

若要创建锚点链接，首先必须定义锚点，方法是将光标定位到需要链接的位置，选择【插入记录】|【命名锚记】命令，此时系统弹出【命名锚记】对话框，在【锚记名称】文本框中输入锚记的名称，例如 m1，如图 4.5 所示。

其次是创建链接，方法是选择链接文本或者图像，在相应的【属性】面板的【链接】文本框中输入【#锚记名称】(如#m1)即可。

6) 创建 E-mail 链接

创建 E-mail 链接的方法是选择链接文本或者图像，在相应的【属性】面板的【链接】文本框中输入"mailto:E-mail 地址"(如 mailto:xwplyly@163.com)即可。

7) 创建下载链接

创建下载链接的方法与创建文本链接或图像链接的方法相同，唯一不同的是下载链接的链接目标选择的是软件或者压缩文件。

8) 创建脚本链接

创建脚本链接的方法与创建文本链接或图像链接的方法相同，唯一不同的是脚本链接的链接目标是 JavaScript 脚本。例如：JavaScript:alert("欢迎进入 DW 的世界!")，此时单击相应的链接文本或者图像时，会弹出一个对话框，如图 4.6 所示。

图 4.5 【命名锚记】对话框   图 4.6 JavaScript 脚本弹出对话框

9) 创建空链接

创建空链接的方法与创建文本链接或图像链接的方法相同，唯一不同的是只需在其【链接】文本框中输入"#"即可。

【课堂案例 4-2】文本链接

1) 案例要求

在【关于我】页面中为文本"HTML 的发展"添加超级链接。

2) 操作步骤

(1) 在 Dreamweaver 中，打开课堂案例 3-4 中完成的页面 about.htm。

(2) 选择文本"HTML 的发展"，在【属性】面板中单击🗀按钮，在弹出的【选择文件】对话框中选择要链接的文件，如图 4.7 所示。

📁 提示

"HTML 的发展"页面的内容放置于 rizhi.htm 页面中。

(3) 在【选择文件】对话框中，单击 确定 按钮，给文本"HTML 的发展"添加上了相应的超级链接，并将网页另存为 about4-2.htm，在浏览器中预览，如图 4.8 所示。

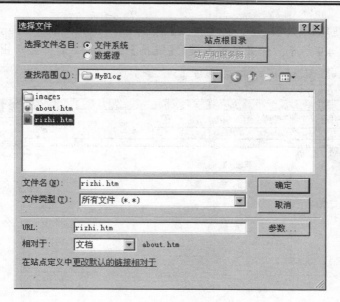

图 4.7　【选择文件】对话框

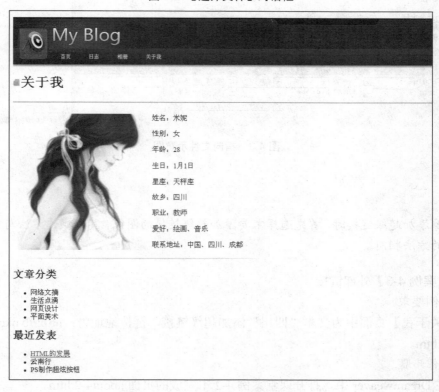

图 4.8　添加超级链接后的效果图

📂 提示

添加超级链接还可采用如下方法。

① 选择添加超级链接的文本，在【属性】面板中【链接】选项后的文本框中直接输入要链接文件的路径和文件名。

② 选择添加超级链接的文本，在【属性】面板中，拖动 🔘 指向 Dreamweaver 右侧站点窗口内的文件，如图 4.9 所示。松开鼠标左键，【链接】选项被更新并显示出所建立的链接。

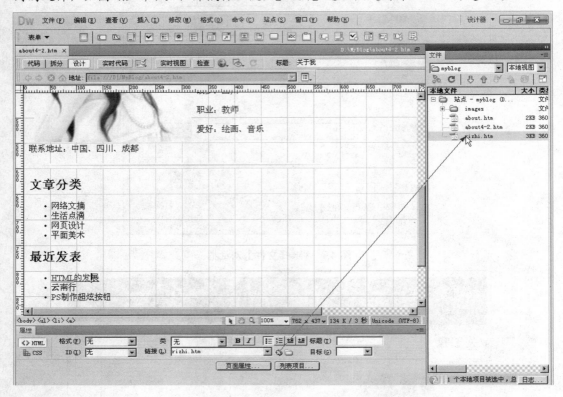

图 4.9　指向文件示意图

☞ 注意

为图像添加超级链接时，首先选择需要添加超级链接的图像，其余操作方法与为文本添加超级链接的方法相同。

【课堂案例 4-3】外部链接

1) 案例要求

在【关于我】页面中为文本"四川"添加超级链接，链接地址为：http://baike.baidu.com/view/7627.htm。

2) 操作步骤

(1) 在 Dreamweaver 中，打开课堂案例 4-2 中完成的页面 about4-2.htm。

(2) 选择文本"四川"，在【属性】面板中【链接】选项的文本框中输入 http://baike.baidu.com/view/7627.htm，如图 4.10 所示。

链接(L) baike.baidu.com/view/7627.htm ▼

图 4.10　【链接】选项

第 4 章　设置超级链接

（3）文本"四川"添加上了相应的超级链接，保存网页 about4-2.htm，并在浏览器中预览，如图 4.11 所示。

图 4.11　添加超级链接后的效果图

📋 注意

添加外部超级链接时，其路径必须为绝对路径。

【课堂案例 4-4】邮件链接

1）案例要求

在【关于我】页面中添加文本 e-mail:xwpteacher@163.com，并为其设置邮件链接。

2）操作步骤

（1）在 Dreamweaver 中，打开课堂案例 4-3 中完成的页面 about4-2.htm。

（2）将光标定位在"联系地址：中国、四川、成都"之后，按一下 Enter 键，输入文本 e-mail:xwpteacher@163.com，如图 4.12 所示。

（3）选择文本 xwpteacher@163.com，在【属性】面板中【链接】选项的文本框中输入 mailto:xwpteacher@163.com，如图 4.13 所示。

· 57 ·

图 4.12　添加文本后的效果

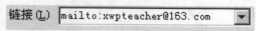

图 4.13　【链接】选项

（4）文本 xwpteacher@163.com 添加上了相应的超级链接，保存网页 about4-2.htm，并在浏览器中预览，如图 4.14 所示。

图 4.14　添加超级链接后的效果图

提示

在浏览器中预览网页时，单击邮件链接会弹出可收发邮件的软件 Outlook 的【新邮件】对话框，其中"收件人"选项中的地址为 mailto 后的邮箱地址，如图 4.15 所示。

图 4.15　【新邮件】对话框

4.3　图 像 映 射

图像映射也叫热点链接，是将一幅图像划分为若干区域，并且每个区域均有属于各自的超级链接，当点击某个区域时，会跳转到相应的页面。

1. 定义映射区域

在 Dreamweaver CS5 中，映射区域的形状有矩形、椭圆形和多边形 3 种。

1）定义矩形映射区域

若要定义矩形映射区域，首先选择作为映射的图像，在对应的【属性】面板中单击矩形热点工具按钮(□)，在图像上绘制出一个矩形区域(若绘制正方形区域，则同时按住 Shift 键进行绘制)，则该矩形区域即为所定义的矩形映射区域。

2）定义椭圆形映射区域

若要定义椭圆形映射区域，首先选择作为映射的图像，在对应的【属性】面板中单击椭圆形热点工具按钮(○)，在图像上绘制出一个椭圆形区域(若绘制圆形区域，则同时按住 Shift 键进行绘制)，则该椭圆形区域即为所定义的椭圆形映射区域。

3）定义多边形映射区域

若要定义多边形映射区域，首先选择作为映射的图像，在对应的【属性】面板中单击多边形热点工具按钮(▽)，在图像上绘制出一个多边形区域，则该多边形区域即为所定义的多边形映射区域。

2. 定义映射区域的超级链接

若要定义映射区域的超级链接目标，首先使用指针热点工具(🔺)选择相应的映射区域，然后在对应的【属性】面板的【链接】文本框中输入相应的链接目标路径即可。方法同创建超级链接。

在 Dreamweaver 中可以很方便地实现图像映射。

【课堂案例 4-5】图像映射

1）案例要求

在【关于我】页面中为 header.jpg 图像上的【首页】、【日志】、【相册】、【关于我】4 个区域添加图像映射。其中，【首页】区域链接到 index.htm、【日志】区域链接到 rizhi.htm、【相册】区域链接到 album.htm、【关于我】区域链接到 about4-2.htm。

2）操作步骤

(1) 在 Dreamweaver 中，打开课堂案例 4-2 中完成的页面 about4-2.htm。

(2) 选择图像 header.jpg，在【属性】面板中单击□按钮，将鼠标移到图像上，按下鼠标左键在【首页】处绘制出一个矩形区域，如图 4.16 所示。

图 4.16　矩形热点区域

(3) 在热点【属性】面板中【链接】选项的文本框中输入 index.htm，如图 4.17 所示。

图 4.17　热点【属性】面板

(4) 按步骤(2)的方法绘制【日志】、【相册】、【关于我】3 个矩形热点区域，如图 4.18 所示。

图 4.18　4 个矩形热点区域

(5) 选择图像 header.jpg，使用【属性】面板中的指针热点工具(🔺)，单击【日志】矩形热点区域，在对应的热点【属性】面板中【链接】选项的文本框中输入 rizhi.htm；单击【相册】矩形热点区域，在对应的热点【属性】面板中【链接】选项的文本框中输入 album.htm；单击

【关于我】矩形热点区域,在对应的热点【属性】面板中【链接】选项的文本框中输入 about4-2.htm。

(6) 保存文件并在浏览器中预览,当鼠标放到对应的热点区域上时,鼠标指针变为手形,如图 4.19 所示。

图 4.19　图像映射预览图

提示

① 热点工具除了矩形热点工具外,还有圆形热点工具( )以及多边形热点工具( ),这两种热点工具的使用方法以及属性的相关链接设置方法与矩形热点工具相同。

② 图像映射常用于电子地图、页面导航条等。

4.4　设置页面中的超级链接以及图像映射实训

1. 实训目的

(1) 掌握文本以及图像超级链接的创建方法。

(2) 掌握图像映射的热点区域创建方法以及热点区域链接的设置方法。

2. 实训环境

在 Dreamweaver 中完成实训任务。

3. 实训内容

参照课堂案例 4-1～4-3 的操作步骤,完善【关于我】页面。

本 章 小 结

超级链接在本质上属于网页的一部分,它是一种允许人们同其他网页或站点之间进行连接的元素。各个网页链接在一起后,才能真正构成一个网站。所谓的超级链接,是指从一个网页指向一个目标的连接关系,这个目标可以是另一个网页,也可以是相同网页上的不同位置,还可以是一个图片、一个电子邮件地址、一个文件,甚至是一个应用程序。而在一个网页中链接的对象,可以是一段文本或者是一个图片。当浏览者单击已经链接的文字或图片后,链接目标将显示在浏览器上,并且根据目标的类型来打开或运行。

本章主要介绍了在 Dreamweaver 中文本超级链接的创建、图像超级链接的创建、图像映射的热点区域的创建以及热点区域链接的设置。通过本章的学习,网页制作者能迅速地创建文本链接、图像链接以及图像映射,从而将网站中的各个网页或者网页的各个元素联系起来,使网站成为一个整体。

习 题

一、选择题

1. 以下哪个工具不是用于创建热点区域的？（　　）
    A. 矩形热点工具   B. 圆形热点工具
    C. 多边形热点工具   D. 指针热点工具

2. 以下哪个是相对路径？（　　）
    A. http://www.baidu.com   B. ftp://192.168.2.2
    C. D:\myblog\1.jpg   D. images/1.jpg

3. 如果要实现一张图像上创建多个超级链接，可使用(　　)超级链接。
    A. 电子邮件   B. 图像映射
    C. 锚记   D. 内部链接

二、填空题

1. 超级链接分为＿＿＿＿＿＿＿和＿＿＿＿＿＿＿。

2. 在站点根目录 MyBlog 下有 about.htm 文件和 images 文件夹，images 文件夹下有 aboutme.jpg 文件。要在 about.htm 中插入 aboutme.jpg，则图片的路径为＿＿＿＿＿＿。

三、简答题

1. 根据链接目标不同，超级链接分为哪些？
2. 简述图像超级链接与文本超级链接的异同。

第 **5** 章　网页布局

　教学目标

- 掌握表格布局的设置方法
- 掌握层布局的设置方法
- 掌握框架布局的设置方法

　教学要求

知识要点	能力要求
表格布局	正确使用表格对网页进行布局
层布局	正确使用层对网页进行布局
框架布局	正确选择适当的框架对网页进行布局

　**重点难点**

- 表格布局
- 层布局
- 框架布局

　　本章将分别利用表格、层、框架对不同的网页进行布局，从而使网页呈现布局合理、美观的效果。

5.1　表格布局

　　表格是用于在网页上显示表格式数据以及对文本和图形进行布局的强有力的工具。表格由一行或多行组成，每行又由一个或多个单元格组成。

在 Dreamweaver 中可以很方便地利用表格以及表格嵌套对网页进行合理地布局。

【课堂案例 5-1】表格布局

1) 案例要求

利用表格布局制作首页 index.htm 的。

2) 操作步骤

(1) 在 Dreamweaver 中，首先创建相应的站点(关键是设置本地根文件夹以及默认图像文件夹)，并将所需要的图像复制到默认图像文件夹中，新建 HTML 空白页，并将该页面保存为 index.htm。

(2) 在【属性】面板中单击 页面属性... 按钮，在弹出的【页面属性】对话框的【外观(CSS)】分类中设置大小为 12px，背景颜色为#000，如图 5.1 所示，再单击 确定 按钮，回到设计视图中。

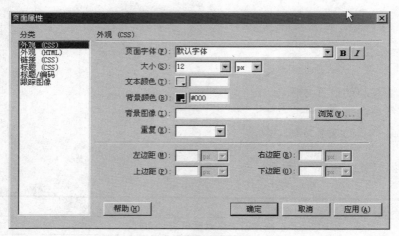

图 5.1 【页面属性】对话框

(3) 在设计视图中单击，选择【插入】|【表格】命令，或将【插入】工具栏切换为【布局】选项卡，单击其中的表格按钮 ，在弹出的【表格】对话框中设置表格大小，如图 5.2 所示。

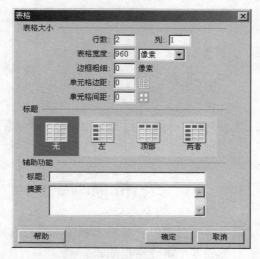

图 5.2 【表格】对话框

提示

① 行数：设置插入的表格的行数。

② 列：设置插入的表格的列数。

③ 表格宽度：以像素或百分比为单位设置表格的宽度。

④ 边框粗细：以像素为单位设置表格边框的宽度。用表格进行页面布局时，边框粗细通常为 0。

⑤ 单元格边距：设置单元格边框与单元格内容之间的间隔距离。当用表格进行页面布局时，此项值设置为 0，浏览网页时单元格边框与内容之间将没有间距。

⑥ 单元格间距：设置相邻的单元格之间的距离。

⑦ 标题：设置表格的表头，对应单元格中的文本将以粗体居中显示。

⑧ 标题：设置表格的标题，显示在表格的外面。

⑨ 摘要：设置表格的说明文字。

(4) 选择插入的表格，在【属性】面板中【表格】下的下拉列表框中选择表格名称 head，在【对齐】下拉列表框中选择居中对齐，如图 5.3 所示。

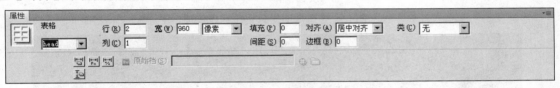

图 5.3 表格属性

提示

① 行：设置插入的表格的行数。

② 列：设置插入的表格的列数。

③ 宽：以像素或百分比为单位设置表格的宽度。

④ 填充：设置单元格内容与单元格边框之间的距离。

⑤ 间距：设置相邻单元格之间的距离。

⑥ 对齐：用于确定表格相对于同一段落中其他元素的显示位置。

⑦ 边框：以像素为单位设置表格边框的宽度。用表格进行页面布局时，边框粗细通常为 0。

⑧ 类：可以选择 CSS 中定义的类。

(5) 将光标定位在表格 head 的第一行，选择【插入】|【图像】命令，在弹出的【选择图像源文件】对话框中选择名为 header.jpg 的图像，如图 5.4 所示，单击 确定 按钮回到设计视图中。

(6) 将光标定位在表格 head 的第二行，在【属性】面板中的【背景颜色】选项中输入 #FFFFFF，保存网页，并在浏览器中预览，如图 5.5 所示。

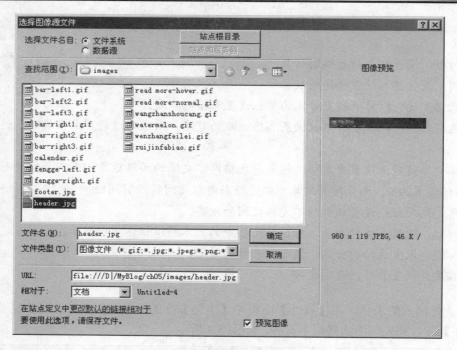

图 5.4 【选择图像源文件】对话框

图 5.5 效果图

📂 提示

将光标定位到某个单元格中时，【属性】面板显示为相应的单元格属性，如图 5.6 所示

图 5.6 单元格【属性】面板

① 水平：设置单元格内容的水平对齐方式，可设置成左对齐、右对齐、居中对齐和默认对齐。

② 垂直：设置单元格内容的垂直对齐方式，可设置成顶端对齐、底部对齐、居中对齐、基线对齐和默认对齐。

③ 宽：用于设置单元格的宽度。

④ 高：用于设置单元格的高度。

⑤ 不换行：选中该复选框可以防止换行，使单元格中的所有文本均显示在一行中。

⑥ 标题：选中该复选框，则本单元格中的内容将以表格标题的格式显示。

⑦ 背景颜色：使用【颜色】拾色器设置单元格的背景颜色。

⑧ 页面属性：单击该按钮可打开【页面属性】对话框，可对页面的相应属性进行设置。

(7) 在 head 表格外单击，按步骤(3)、(4)的方法插入 1 行 2 列宽度为 960 像素的表格，并将表格命名为 content。

(8) 将光标定位在表格 content 的第 1 列，在【属性】面板中的【背景颜色】文本框中输入#FFFFFF，再按步骤(3)、(4)的方法插入 4 行 1 列的宽度为 648 像素的表格，并将表格命名为 left1。

(9) 将光标定位在表格 left1 的第 1 行，选择【插入】|【图像】命令，在弹出的【选择图像源文件】对话框中选择名为 bar-left1.gif 的图像，单击 确定 按钮回到设计视图中，保存网页，并在浏览器中预览，如图 5.7 所示。

图 5.7　效果图

(10) 将光标定位在表格 left1 的第 2 行，在【属性】面板中的【高】文本框中输入 150，如图 5.8 所示，保存网页，并在浏览器中预览，如图 5.9 所示。

图 5.8　单元格属性面板

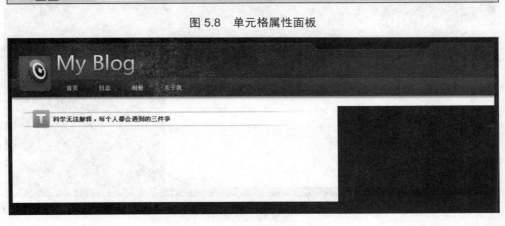

图 5.9　效果图

(11) 光标仍定位在表格 left1 的第 2 行，按步骤(3)、(4)的方法插入 1 行 1 列宽度为 96%的表格，并将表格命名为 text1。选择表格 text1，在【属性】面板中的【对齐】下拉列表中选择右对齐，如图 5.10 所示。

图 5.10　表格【属性】面板

(12) 在表格 text1 中输入相应的文本，保存网页，并在浏览器中预览，如图 5.11 所示。

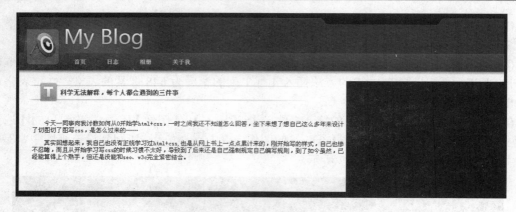

图 5.11　效果图

(13) 将光标定位在表格 left1 的第 3 行，选择【插入】|【图像】命令，在弹出的【选择图像源文件】对话框中选择名为 fengge-left.gif 的图像，单击 确定 按钮回到设计视图中，保存网页。

(14) 将光标定位在表格 left1 的第 4 行，在【属性】面板中的【水平】下拉列表框中选择右对齐，选择【插入】|【图像】命令，在弹出的【选择图像源文件】对话框中选择名为 readmore-hover.gif 的图像，单击 确定 按钮回到设计视图中，保存网页，并在浏览器中预览，如图 5.12 所示。

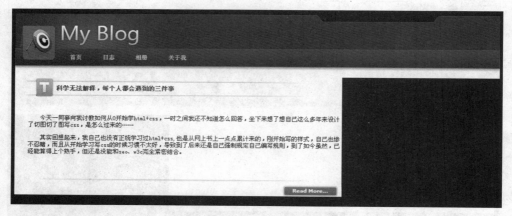

图 5.12　效果图

(15) 选择表格 left1，执行复制操作，按键盘右方向键(→)，执行粘贴操作，得到表格 left2，将表格 left2 第 1 行中的图像更改为 bar-left2.gif，将表格 text2 中的文本更改为对应的文本，保存网页，并在浏览器中预览，如图 5.13 所示。

(16) 选择表格 left2，执行复制操作，按键盘右方向键(→)，执行粘贴操作，得到表格 left3，将表格 left2 第 1 行中的图像更改为 bar-left3.gif。

(17) 将光标定位在表格 left3 的第 2 行并右击，选择【表格】|【插入行】命令，在第 2 行上增加了一行。

(18) 将光标定位在表格 left3 的第 2 行，选择【插入】|【图像】命令，在弹出的【选择图像源文件】对话框中选择名为 watermelon.gif 的图像，单击 确定 按钮回到设计视图中，保存网页。

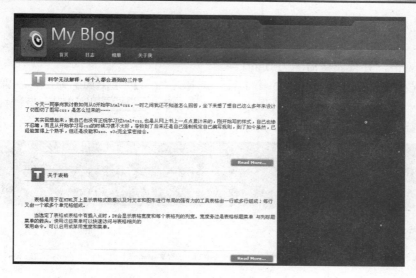

图 5.13　效果图

(19) 将表格 left3 中第 3 行嵌套的表格 text3 中的文本更改为相应的文本，保存网页，并在浏览器中预览，如图 5.14 所示。

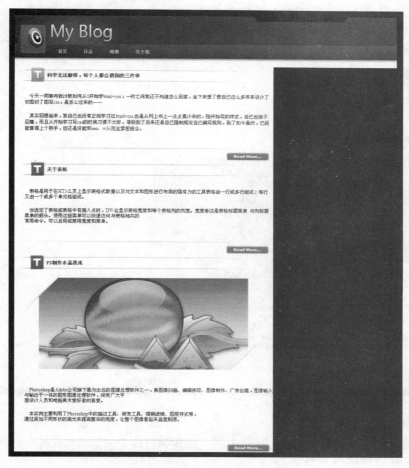

图 5.14　效果图

(20) 将光标定位在表格 content 的第 2 列，在【属性】面板中的【背景颜色】文本框中输入#FFFFFF，在【垂直】下拉列表框中选择顶端，再按步骤(3)、(4)的方法插入 2 行 1 列的宽度为 100%的表格，并将表格命名为 right1。

(21) 将光标定位在表格 right1 的第 1 行，选择【插入】|【图像】命令，在弹出的【选择图像源文件】对话框中选择名为 calendar.gif 的图像，单击 确定 按钮回到设计视图中，保存网页，并在浏览器中预览，如图 5.15 所示。

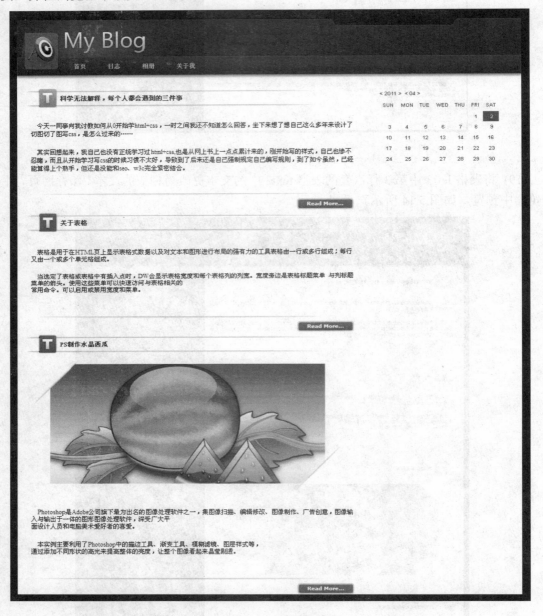

图 5.15　效果图

(22) 将光标定位在表格 content 的第 2 列，按步骤(3)、(4)的方法插入 4 行 1 列的宽度为 100%的表格，并将表格命名为 right2。

(23) 将光标定位在表格 right2 的第 2 行，选择【插入】|【图像】命令，在弹出的【选择图像源文件】对话框中选择名为 bar-right1.gif 的图像。

(24) 将光标定位在表格 right2 的第 3 行，按步骤(3)、(4)的方法插入 6 行 1 列的宽度为 90% 的表格，并将表格命名为 wzfl，选择表格 wzfl，在【属性】面板中的【对齐】下拉列表框中选择右对齐。

(25) 在表格 wzfl 的每一行中插入图片以及相应的文本，选择表格 wzfl 的第 6 个单元格，在【属性】面板中的【高】文本框中输入 24。

(26) 将光标定位在表格 right2 的第 4 行，选择【插入】|【图像】命令，在弹出的【选择图像源文件】对话框中选择名为 fengge-right.gif 的图像，保存网页，并在浏览器中预览，如图 5.16 所示。

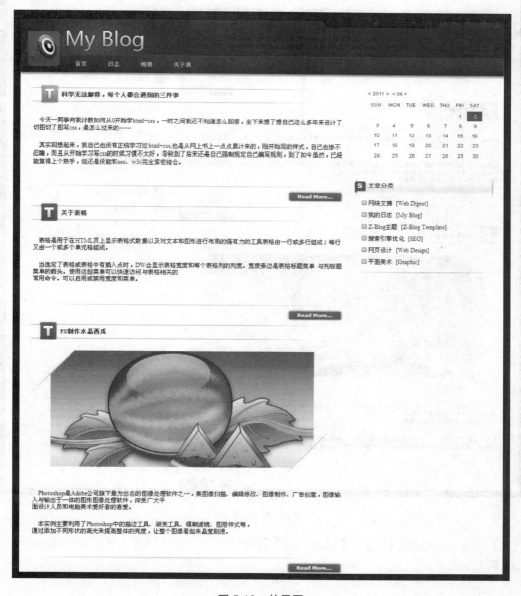

图 5.16 效果图

(27) 选择表格 right2，执行复制操作，按键盘右方向键(→)，执行粘贴操作，得到表格 right3，将表格 right2 第 2 行中的图像更改为 bar-right2.gif，将第 3 行中嵌套的表格行数更改为 4 行，并将每一行的图像以及文本更改为相应的图像有文本，保存网页，并在浏览器中预览，如图 5.17 所示。

图 5.17　效果图

(28) 按步骤(27)的方法完成【网站收藏】部分的制作，保存网页，并在浏览器中预览，如图 5.18 所示。

(29) 将光标定位在表格 content 的右边，按步骤(3)、(4)的方法插入 1 行 1 列宽度为 960 像素的表格，并将表格命名为 foot，选择表格 foot，在【属性】面板中的【对齐】下拉列表框中选择居中对齐。

(30) 将光标定位在表格 foot 的单元格中，选择【插入】|【图像】命令，在弹出的【选择图像源文件】对话框中选择名为 footer.jpg 的图像，保存网页，并在浏览器中预览，如图 5.19 所示。

图 5.18　效果图

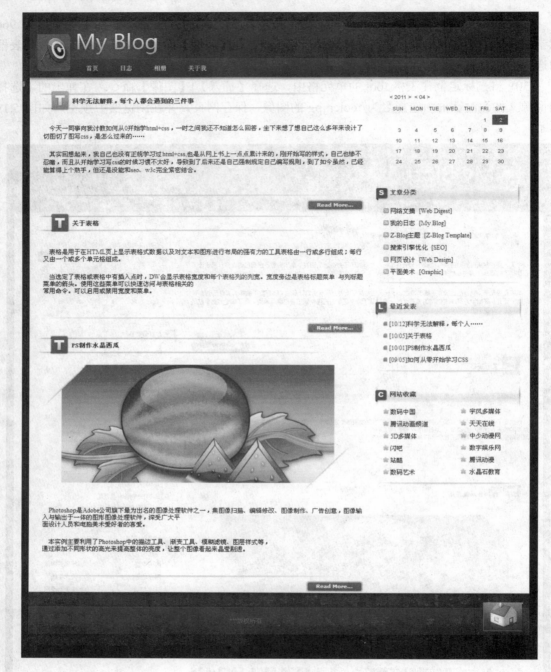

图 5.19　效果图

提示

关于表格的操作还涉及表格中单元格的拆分与合并、行的插入与删除、列的插入与删除

1) 拆分单元格

将光标定位在需要拆分的单元格中并右击，在弹出的快捷菜单中选择【表格】|【拆分单元格】命令；或将光标定位在需要拆分的单元格中，选择【修改】|【表格】|【拆分单元格】

命令；或将光标定位在需要拆分的单元格中，单击单元格【属性】面板中的【拆分单元格为行或列】按钮，在弹出的【拆分单元格】对话框(图 5.20)中进行相应的选择与输入。

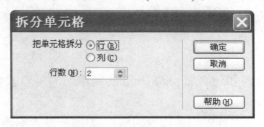

图 5.20　【拆分单元格】对话框

2) 合并单元格

选择需要合并的单元格(这些单元格必须是连续的并且是矩形区域)并右击，在弹出的快捷菜单中选择【表格】|【合并单元格】命令；或选择需要合并的单元格，选择【修改】|【表格】|【合并单元格】命令；或选择需要合并的单元格，单击单元格【属性】面板中的【合并所选单元格，使用跨度】按钮即可。

3) 行或列的插入与删除

(1) 插入行或列。

将光标定位在需要插入行或列的下一行或左边任意单元格中并右击，在弹出的快捷菜单中选择【表格】|【插入行】或【插入列】命令，此时默认在所选单元格之上或单元格右侧插入行或列；或将光标定位在需要插入行或列的下一行或左边任意单元格中，选择【修改】|【表格】|【插入行】或【插入列】命令；或将光标定位在单元格中，选择【修改】|【表格】|【插入行或列】命令，在弹出的【插入行或列】对话框中进行相应的选择与输入，或将光标定位在单元格中并右击，在弹出的快捷菜单中选择【表格】|【插入行或列】命令，在弹出的【插入行或列】对话框中进行相应的选择与输入，如图 5.21 所示。

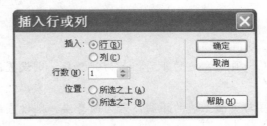

图 5.21　【插入行或列】对话框

(2) 删除行或列。

选择需要删除的行或列，按 Del 键；或选择需要删除的行或列并右击，在弹出的快捷菜单中选择【表格】|【删除行】或【删除列】命令；或选择需要删除的行或列，选择【修改】|【表格】|【删除行】或【删除列】命令即可。

5.2　层　布　局

层作为网页的窗口元素，其中可放置文本、图像、表单、层等网页元素。其中 AP Div 元素是一种网页元素的定位技术，使用 AP Div 元素可以以像素为单位精确定位页面元素，从而使用户对页面操作的布局更加轻松。

在 Dreamweaver 中可以很方便地实现层布局。

【课堂案例 4-5】层布局

1) 案例要求

利用 AP Div 层布局实现相册页面 photo.htm 的制作。

2) 操作步骤

(1) 在 Dreamweaver 中，首先创建相应的站点(关键是设置本地根文件夹以及默认图像文件夹)，并将所需要的图像复制到默认图像文件夹中，新建 HTML 空白页，并将该页面保存为 photo.htm。

(2) 在【属性】面板中单击 页面属性... 按钮，在弹出的【页面属性】对话框的【外观(CSS)】分类中设置大小为 12px，背景颜色为#000，如图 5.1 所示，再单击 确定 按钮，回到设计视图中。

(3) 在设计视图中单击，选择【插入】|【布局对象】|【AP Div】命令，选择刚插入的 AP Div，在【属性】面板中【CSS-P 元素】下拉列表框中选择 bg，并【左】文本框中输入 20，在【上】文本框中输入 0，在【宽】文本框中输入 960px，在【高】文本框中输入 880px，在【背景颜色】文本框中输入#FFFFFF，如图 5.22 所示。

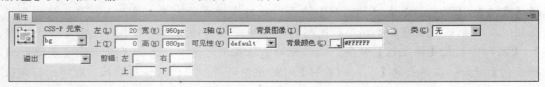

图 5.22 【属性】面板

提示

① CSS-P 元素：为层设置名称。

② 左：用于设置该层与页面左边的距离，若为嵌套层，则设置的是该层与父层左边框的距离。

③ 上：用于设置该层与页面上边的距离，若为嵌套层，则设置的是该层与父层上边框的距离。

④ 宽：用于设置该层的宽度。

⑤ 高：用于设置该层的高度。

⑥ Z 轴：用于设置层的叠放顺序，Z 轴大的层在 Z 轴小的层之上，其值可为正、可为负、亦可为 0。

⑦ 可见性：用于设置层是否可见，可选默认、继承、可见、隐藏。

⑧ 背景图像：用于设置层的背景图像。

⑨ 背景颜色：用于设置层的背景颜色。

⑩ 类：可将 CSS 中定义的类用于该层。

⑪ 溢出：用于设置超出层的内容的显示状态，可选择可见、隐藏、滚动、自动。

⑫ 剪辑：定义层的可视区域，在【左】、【上】、【下】、【右】文本框中输入一个值来指定距离该层边界的距离。

(4) 将光标定位在层 bg 中，选择【插入】|【布局对象】|【AP Div】命令，选择刚插入的 AP Div，在【属性】面板中的【CSS-P 元素】下拉列表框中选择 head，在【左】文本框中输入 20，并【上】文本框中输入 0，在【宽】文本框中输入 960px，在【高】文本框中输入 119px，如图 5.23 所示。

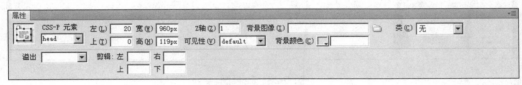

图 5.23　【属性】面板

(5) 将光标定位在层 head 中，选择【插入】|【图像】命令，在弹出的【选择图像源文件】对话框中选择名为 header.gif 的图像，单击 确定 按钮回到设计视图中，保存网页，在浏览器中预览，如图 5.24 所示。

图 5.24　效果图

(6) 将光标定位在层 bg 中，选择【插入】|【布局对象】|【AP Div】命令，选择刚插入的 AP Div，在【属性】面板中的【CSS-P 元素】下拉列表框中选择 photo，在【左】文本框中输入 40，在【上】文本框中输入 122，在【宽】文本框中输入 588px，在【高】文本框中输入 42px。

(7) 将光标定位在层 photo 中，选择【插入】|【图像】命令，在弹出的【选择图像源文件】对话框中选择名为 photo.gif 的图像，单击 确定 按钮回到设计视图中，保存网页，在浏览器中预览，如图 5.25 所示。

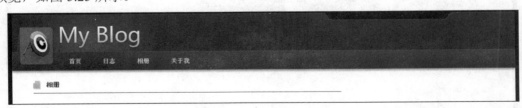

图 5.25　效果图

(8) 将光标定位在层 bg 中，选择【插入】|【布局对象】|【AP Div】命令，选择刚插入的 AP Div，在【属性】面板中的【CSS-P 元素】下拉列表框中选择 photo1，在【左】文本框中输入 65px，在【上】文本框中输入 190px，在【宽】文本框中输入 164px，在【高】文本框中输入 170px。

(9) 将光标定位在层 photo1 中，选择【插入】|【图像】命令，在弹出的【选择图像源文件】对话框中选择名为 photo1.gif 的图像，单击 确定 按钮回到设计视图中，保存网页，在浏览器中预览，如图 5.26 所示。

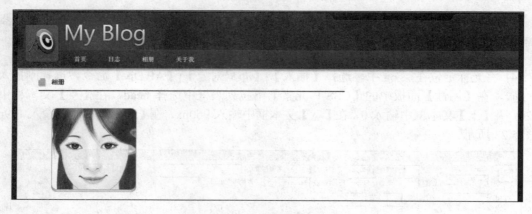

图 5.26 效果图

(10) 重复步骤(8)，插入层 photo2、photo3、photo4。其中，photo2 的【属性】面板中的【左】选项值为 250px，【上】选项值为 190px，photo3 的【属性】面板中的【左】选项值为 435px，【上】选项值为 190px；photo4 的【属性】面板【左】选项值为 65px，【上】选项值为 430px

(11) 按顺序选择层 photo4、photo3、photo2、photo1，选择【修改】|【排列顺序】|【设成高度相同】命令，再选择【修改】|【排列顺序】|【设成宽度相同】命令，设置层 photo4、photo3、photo2 的宽度和高度与 photo1 的宽度和高度相同。

(12) 将光标分别定位在层 photo2、photo3、photo4 中，分别插入图像 photo2.gif、photo3.gif、photo4.gif，保存网页，在浏览器中预览，如图 5.27 所示。

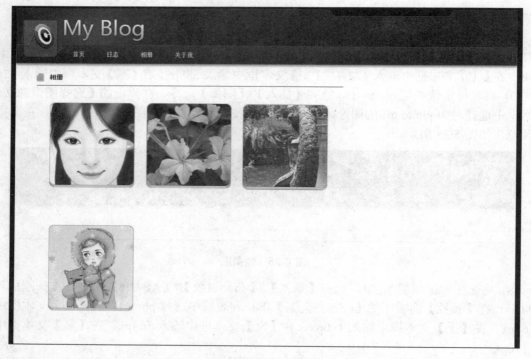

图 5.27 效果图

(13) 将光标定位在层 bg 中，选择【插入】|【布局对象】|【AP Div】命令，选择刚插入

的 AP Div，在【属性】面板中的【CSS-P 元素】下拉列表框中选择 text1，在【左】文本框中输入 65px，在【上】文本框中输入 372px，在【宽】文本框中输入 164px，在【高】文本框中输入 24px。

(14) 将光标定位在 text1 中，输入相应的文本。

(15) 选择层 text1，执行复制操作，在层 bg 中单击，再执行粘贴命令，得到层 text2，选择层 text2 和 photo2，选择【修改】|【排列顺序】|【左对齐】命令，将层 text2 与 photo2 左对齐，再将光标定位在 text2 中，修改相应的文本。

(16) 重复步骤(15)，为 photo3、photo4 添加相应的文本，保存网页，在浏览器中预览，如图 5.28 所示。

图 5.28 效果图

(17) 重复之前的步骤，继续插入 AP Div 层，利用【属性】面板中的【左】、【上】、【宽】、高选项为每个 AP Div 层定位，保存网页，在浏览器中预览，如图 5.29 所示。

📁 提示

① AP Div 是一种可移动的层，因此对 AP Div 的定位除了利用【属性】面板中的【左】、【上】选项以外，也可直接利用鼠标移动。

② 鼠标移动定位 AP Div 的操作步骤是首先选择需要移动的层，按住鼠标左键将其移动到目标位置后释放左键。

③ 使用层对齐命令可以将一个或多个层与最后选定的层边界对齐。要对齐层，首先选择需要对齐的多个层，然后选择【修改】|【排列顺序】|【左对齐】或【上对齐】或【右对齐】或【对齐下缘】命令即可。

图 5.29　效果图

5.3　框　架　布　局

框架的主要作用是将浏览器窗口分割成几个不同的区域,以便在一个浏览器窗口中显示多个 HTML 页面。使用框架可以非常方便地完成导航工作,使网站的结构更加清晰,而且各个框架之间决不存在干扰问题。

【课堂案例 5-3】框架布局

1) 案例要求

利用框架布局实现最近发表文章的链接,当点击右侧的超级链接时,其对应的内容在左侧显示。

2) 操作步骤

(1) 在 Dreamweaver 中,首先利用层布局或者表格布局制作出网页 top.htm、bottom.htm、right.htm、ps-jianjie.htm、HTML develop.htm、about table.htm,如图 5.30 所示。

(a) top.htm

(b) bottom.htm

(c) right.htm

photoshop简介

　　从功能上看，Photoshop可分为图像编辑、图像合成、校色调色及特效制作部分。

　　PHOTOSHOP界面图像编辑是图像处理的基础，可以对图像做各种变换如放大、缩小、旋转、倾斜、镜像、透视等。也可进行复制、去除斑点、修补、修饰图像的残损等。这在婚纱摄影、人像处理制作中有非常大的用场，去除人像上不满意的部分，进行美化加工，得到让人非常满意的效果。

　　图像合成则是将几幅图像通过图层操作、工具应用合成完整的、传达明确意义的图像，这是美术设计的必经之路。 photoshop提供的绘图工具让外来图像与创意很好地融合，成为可能使图像的合成天衣无缝。

　　校色调色,是pho toshop中深具威力的功能之一，可方便快捷地对图像的颜色进行明暗、色偏的调整和校正，也可在不同颜色进行切换以满足图像在不同领域如网页设计、印刷、多媒体等方面应用。

　　特效制作在photoshop中主要由滤镜、通道及工具综合应用完成。包括图像的特效创意和特效字的制作，如油画、浮雕、石膏画、素描等常用的传统美术技巧。

(d) ps-jianjie.htm

图 5.30　各个网页效果图

HTML的发展

HTML能发展成为互联网上最成功的标记语言之一，经过了一个从萌芽、遭受非议到全面革新的过程。

1989年由Tim Berners-Lee在CERN研制出了HTML。HTML允许科学家透明的在网络上共享信息，而不受各自计算机差异的影响。

最早的浏览器仅是以文本为基础，很快人们就开始研究在网上放置图像。且不满足于只加入<img>标签，而是希望可以将任何形式的媒介加入到网页中去。

HTML在不断发展，产生了新型、功能强大的标签形式。如：<background>、<frame>、<marquee>、<iframe>、<bgsound>等等。HTML发展出了不同的版本。只有那些网页设计者和用户共有的HTML部分才可以被正确浏览。W3C组织在激烈争论名叫HTML3.0的新技术，该文件概括了所有全新的特性但没有任何技术支持。出于这种混乱局面的考虑，合作制订一个公认的HTML语言规范成为当务之急。新标准呼之欲出。

HTML4.0版本是发展到今天比较成熟的一个版本，在这个版本的语言中，规范更加统一，浏览器之间的统一性也更加完好了。

(e) HTML-develop.htm

关于表格

表格是用于在HTML页上显示表格式数据以及对文本和图形进行布局的强有力的工具表格由一行或多行组成；每行又一由一个或多个单元格组成。

当选定了表格或表格中有插入点时，DW会显示表格宽度和每个表格列的列宽。宽度旁边是表格标题菜单 与列标题菜单的箭头。使用这些菜单可以快速访问与表格相关的常用命令。可以启用或禁用宽度和菜单。

特效制作在photoshop中主要由滤镜、通道及工具综合应用完成。包括图像的特效创意和特效字的制作，如油画、浮雕、石膏画、素描等常用的传统美术技巧。

(f) about table.htm

图 5.30　各个网页效果图(续)

提示

① top.htm 利用层布局，其中左边距为 20px，上边距为 0px，宽为 960px，高为 119px，页面背景颜色为#000000。

② bottom.htm 利用层布局，其中左边距为 20px，上边距为 0px，宽为 960px，高为 84px，页面背景颜色为#000000。

③ right.htm 利用层以及层嵌套布局，其中最外层左边距为 0px，上边距为 0px，宽为 312px，层的背景颜色为#FFFFFF，页面背景颜色为#000000。

④ ps-jianjie.htm、HTML-develop.htm、about table.htm 这 3 个页面的布局完全相同，不同的只是内容以及图片，其中最外层左边距为 20px，上边距为 0px，宽为 632px，高为 633px，页面背景颜色为#000000。

(2) 在 Dreamweaver 中，选择【文件】|【新建】命令，在弹出的【新建文档】对话框中选择【示例中的页】，在【示例文件夹】选项中选择【框架页】，在【示例页】选项中选择【上方固定，下方固定】，如图 5.31 所示。

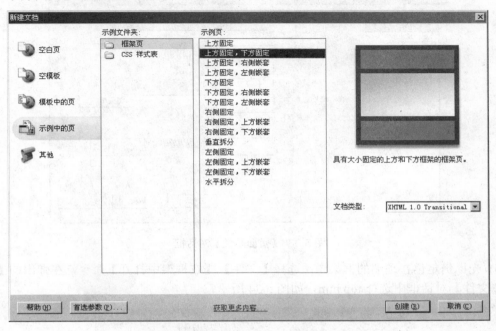

图 5.31 【新建文档】对话框

(3) 单击 创建(R) 按钮，在弹出的【框架标签辅助功能属性】对话框(图 5.32)中单击 确定 按钮，此时框架创建成功。

图 5.32 【框架标签辅助功能属性】对话框

📁 提示

① 框架由框架集和框架两部分组成。

② 框架集是定义一组框架结构的 HTML 文档，是指在一个网页文件中定义一组框架结构，包括定义一个窗口中显示的框架数、框架尺寸以及框架中载入的内容。

③ 框架是网页窗口上定义的一块区域，并且可以根据需要在这个区域显示不同的网页内容。

(4) 将光标定位在顶端的框架中，在【属性】面板中单击 ［ 页面属性... ］ 按钮，在弹出的【页面属性】对话框中设置页面的上、下、左、右边距均为 0px，如图 5.33 所示。

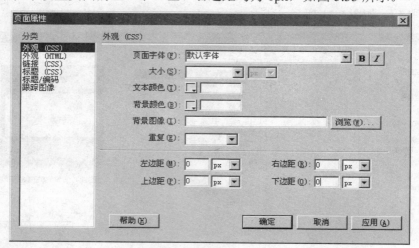

图 5.33 【页面属性】对话框

(5) 光标仍定位在顶端的框架中，选择【文件】|【在框架中打开】命令，在弹出的【选择 HTML 文件】对话框中选择 top.htm，如图 5.34 所示。

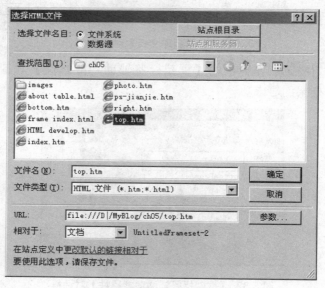

图 5.34 【选择 HTML 文件】对话框

📁 提示

为框架添加内容的方法如下所示。

① 直接编辑某个框架中的内容，编辑方法同普通的网页编辑。

② 在框架中直接打开已有的 HTML 文档。

(6) 单击 ［ 确定 ］ 按钮，在弹出的 Dreamweaver 警告框(图 5.35)中单击【否】按钮。

图 5.35 Dreamweaver 对话框

(7) 单击顶端框架的下边框，在对应的【属性】面板中【行】文本框中输入 119，单位为像素，如图 5.36 所示。

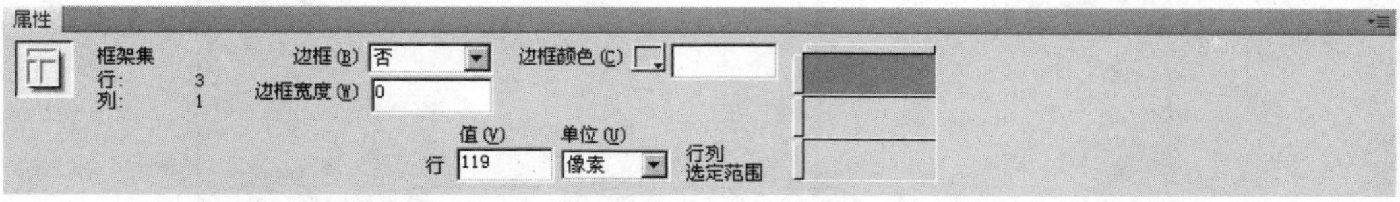

图 5.36 【属性】面板

提示

选择框架集的方法如下所示。

① 在文档窗口中单击框架的边框。

② 选择【窗口】|【框架】命令，打开【框架】控制面板(图 5.37)，单击框架集的边框。

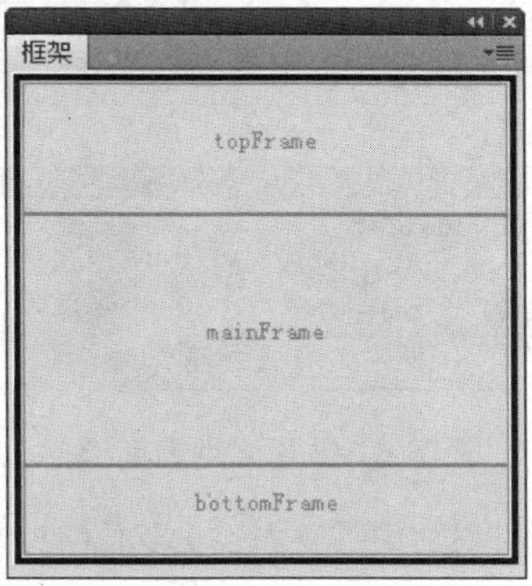

图 5.37 【框架】控制面板

框架集属性说明:

① 边框：设置框架集中是否显示边框。

② 边框颜色：设置框架集中所有边框的颜色。

③ 边框宽度：设置框架集中所有边框的宽度。

④ 行或列：设置选定框架集的各行和各列的框架大小

⑤ 单位：设置行或列选项的设定值是相对的还是绝对的，有像素、百分比、相对 3 个取值。

(8) 将光标定位在底端的框架中，按步骤(4)、(5)、(6)的方法在底端框架中打开文件 bottom.htm，选择【文件】|【保存全部】命令，在弹出的【另存为】对话框中设置框架集的名称为 frame index.htm，如图 5.38 所示。

图 5.38 【另存为】对话框

(9) 将光标定位在中间的框架中，选择【插入】|【HTML】|【右对齐】命令，在其中嵌套一个框架集，选择嵌套的框架集，在对应的【属性】面板中【列】文本框中输入 668，单位为像素，如图 5.39 所示。

图 5.39 【属性】面板

(10) 将光标定位在嵌套框架左边的框架中，按步骤(4)、(5)、(6)的方法在框架中打开文件 ps-jianjie.htm。

(11) 将光标定位在嵌套框架右边的框架中，按步骤(4)、(5)、(6)的方法在框架中打开文件 right.htm。

(12) 选择 right.htm 中的"HTML 的发展"，在【属性】面板中的【链接】下拉列表框中选择 HTML develop.htm，在【目标】文本框中选择 mainFrame，如图 5.40 所示。

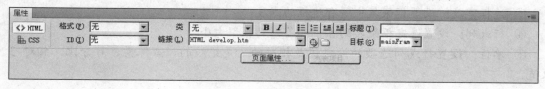

图 5.40 【属性】面板

(13) 按照步骤(12)的方法为"关于表格"、"photoshop 简介"添加链接，分别链接到页面 about table.htm 和 ps-jianjie.htm，目标均为 mainFrame。

(14) 选择框架 mainFrame，在【属性】面板中选择【不能调整大小】复选框，如图 5.41 所示，保存网页，并在浏览器中预览，如图 5.42 所示。

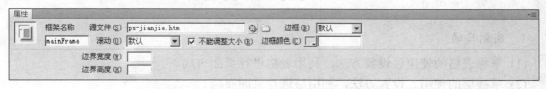

图 5.41　【属性】面板

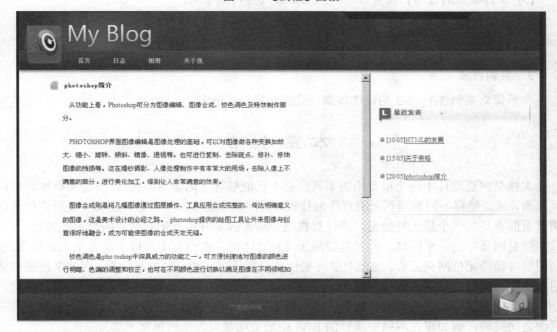

图 5.42　效果图

提示

选择框架的方法如下所示。

① 在文档窗口中，按 Alt 键的同时单击单击欲选择的框架。

② 选择【窗口】|【框架】命令，打开【框架】控制面板，单击欲选择的框架。

框架集属性说明：

① 框架名称：为框架命名。

② 源文件：提示框架当前显示的网页文件的名称及路径。

③ 边框：设置框架内是否显示边框。

④ 滚动：设置框架内是否显示滚动条。

⑤ 不能调整大小：设置用户是否可以在浏览器窗口中通过拖动鼠标手动修改框架的大小。

⑥ 边框颜色：设置框架边框的颜色。

⑦ 边界宽度、边界高度：以像素为单位设置框架内容和框架边界间的距离。

5.4 网页布局实训

1. 实训目的

(1) 掌握表格的使用、设置方法，利用表格进行页面布局。

(2) 掌握层的使用、设置方法，利用层进行页面布局。

(3) 掌握框架的使用、设置方法，利用框架进行页面布局。

2. 实训环境

在 Dreamweaver 中完成实训任务。

3. 实训内容

参照课堂案例 5-1～5-3 的操作步骤，完成相应页面的制作。

本 章 小 结

表格是网页设计中一个很有用的工具，它不仅能够有序地显示数据，还能精确地定位网页元素，从而能将不同的网页元素有序地排列，使网页丰富多彩并且条理清晰。使用表格进行网页页面布局的一个最大好处是，当计算机的分辨率改变时不会影响网页的显示效果。

层是网页中的一个区域，并且是游离于文档之上的，在网页中可以实现多个元素的重叠，利用层可精确定位网页元素，通过对层可见性的设置还可实现一些特殊效果，因此掌握层的使用方法可为网页提供强大的控制能力。

框架让网页布局以及页面组织形式都变得多样化，浏览者通过框架可以很方便地在不同的页面之间跳转，例如现在网络中流行的 BBS 论坛页面就可以通过框架来实现。

本章主要介绍了在 Dreamweaver 中利用表格、层以及框架进行页面布局，要求能采用不同的方式进行页面布局。通过本章的学习，网页制作者根据具体的网页需求采用不同的布局方式，从而使网页更具吸引力。

习 题

一、选择题

1. 以下哪个不属于框架的分割方式？（　　）
   A. 左右分割　　　　　　　　　　B. 上下分割
   C. 嵌套分割　　　　　　　　　　D. 对角线分割
2. 以下哪个不属于表格的属性？（　　）
   A. 宽　　　　　　　　　　　　　B. 高
   C. z-index　　　　　　　　　　 D. 边框
3. 以下哪个可以实现重叠？（　　）
   A. 表格　　　　B. 框架　　　　C. 框架集　　　　D. 层

二、填空题

1．框架包括_____和_____。

2．框架是_____。

3．表格由_____、_____、_____构成。

4．设置层的层叠属性是_____。

三、简答题

1．简述框架的作用并举例说明。

2．简述表格的作用并举例说明。

3．简述层的作用并举例说明。

4．比较表格布局、层布局以及框架布局各自的优缺点。

第**6**章 添加多媒体元素

 教学目标

- 掌握 Flash 的插入及设置方法
- 掌握音频的插入及设置方法
- 掌握视频的插入及设置方法

 教学要求

知识要点	能力要求
Flash 动画的插入及设置	(1) 在 Dreamweaver 中插入 Flash 动画 (2) 设置 Flash 的属性
音频的插入及设置	(1) 在网页中插入音频 (2) 设置音频的属性
视频的插入及设置	(1) 在网页中插入视频 (2) 设置视频的属性

重点难点

- 网页中多媒体元素(动画、音频、视频等)的插入及属性设置

本章主要介绍将 Flash 动画、音频、视频插入到网页中的方法,并对其属性进行相应的设置,从而使网页更丰富有趣。

6.1　插入 Flash

在 Dreamweaver 中,可以方便快捷地为网页添加 Flash 动画。

【**课堂案例 6-1**】在网页中插入 Flash 动画

1) 案例要求

在 media.htm 页面中的对应位置插入 Flash 动画。

2) 操作步骤

(1) 在 Dreamweaver 中打开页面 meia.htm，如图 6.1 所示。

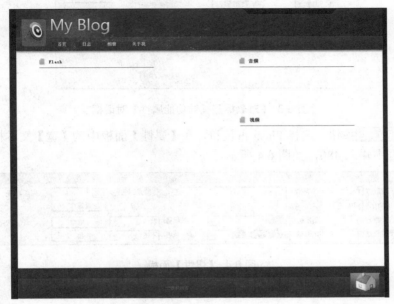

图 6.1　media.htm 效果图

(2) 将光标定位在层 Flash 中，选择【插入】|【媒体】|【SWF】命令，在弹出的【选择 SWF】对话框中选择需要插入的 Flash 动画，如图 6.2 所示。

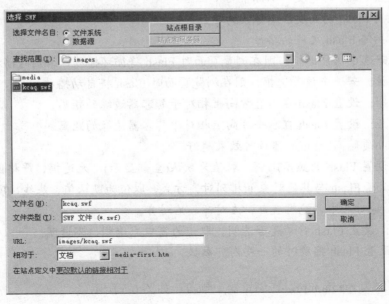

图 6.2　【选择 SWF】对话框

(3) 单击 确定 按钮，在弹出的【对象标签辅助功能属性】对话框中设置"标题"为"小破孩的裤衩爱情"，如图 6.3 所示。

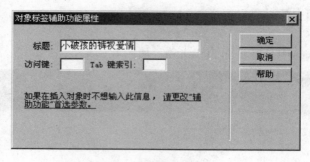

图 6.3 【对象标签辅助功能属性】对话框

(4) 单击 确定 按钮，选择 Flash 占位符，在【属性】面板中的【宽】文本框中输入 470，在【高】文本框中输入 480，如图 6.4 所示。

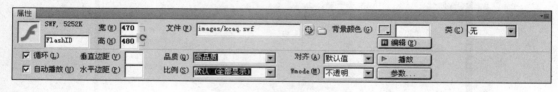

图 6.4 【属性】面板

📁 提示

SWF 属性说明:

① SWF: 设置 Flash 对象的名称。

② 宽: 设置 Flash 的宽度，以像素为单位。

③ 高: 设置 Flash 的高度，以像素为单位。

④ 文件: 指定 Flash 文件的路径。

⑤ 循环: 若选中该复选框，则在浏览页面时 Flash 将循环播放，否则只播放一次就停止。

⑥ 自动播放: 若选中该复选框，则在浏览页面时 Flash 将自动播放。

⑦ 垂直边距: 设置 Flash 在垂直方向上相对于其容器边缘的距离。

⑧ 水平边距: 设置 Flash 在水平方向上相对于其容器边缘的距离。

⑨ 品质: 品质越高，Flash 播放时效果越好。

⑩ 比例: 设置 Flash 的显示比例，取值为默认(全部显示)、无边框、严格匹配。

⑪ 对齐: 设置 Flash 与其他对象的排列对齐方式，取值为默认值、基线、顶端、居中、底部、文本上方、绝对居中、绝对底部、左对齐、右对齐。

⑫ Wmode: 设置 Flash 背景是否透明，取值为窗口、透明、不透明。

⑬ 参数: 设置 Flash 播放时的一些内部参数。

(5) 保存页面为 media.htm，在浏览器中预览，如图 6.5 所示。

图 6.5　效果图

6.2　插 入 视 频

在 Dreamweaver 中，可以方便快捷地为网页添加视频文件，常见的视频文件格式有 WMV、MPG、AVI 等。

【课堂案例 6-2】在网页中插入视频

1）案例要求

在 media.htm 页面中的对应位置插入视频。

2）操作步骤

(1) 在 Dreamweaver 中打开页面 meia.htm，将光标定位在层 video 中，选择【插入】|【媒体】|【插件】命令，在弹出的【选择文件】对话框中选择需要插入的视频，如图 6.6 所示。

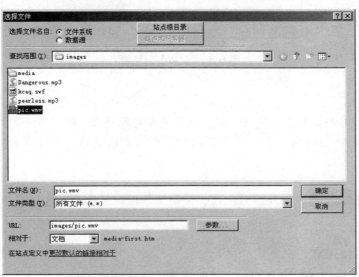

图 6.6　【选择文件】对话框

(2) 单击 确定 按钮，选择插件占位符，在【属性】面板中的【宽】文本框中输入 322，在【高】文本框中输入 309，如图 6.7 所示。

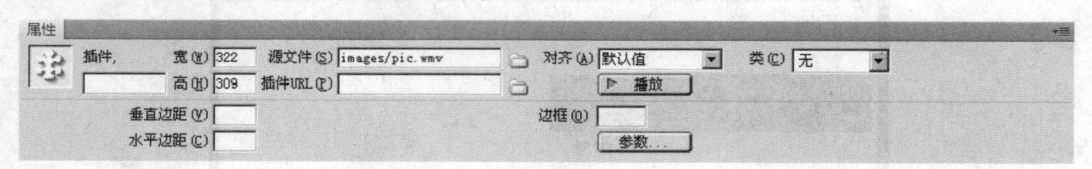

图 6.7 【属性】面板

📁 提示

插件属性说明：

① 插件：设置插件对象的名称。

② 宽：设置插件的宽度，以像素为单位。

③ 高：设置插件的高度，以像素为单位。

④ 文件：指定插件文件的路径。

⑤ 垂直边距：设置 Flash 在垂直方向上相对于其容器边缘的距离。

⑥ 水平边距：设置 Flash 在水平方向上相对于其容器边缘的距离。

⑦ 插件 URL：设置包含该插件的 URL。

⑧ 参数：设置插件播放时的一些内部参数。

(3) 在【属性】面板中单击 参数... 按钮，在弹出的【参数】对话框中的【参数】选项中输入 autostart，在【值】选项中输入 false，如图 6.8 所示。

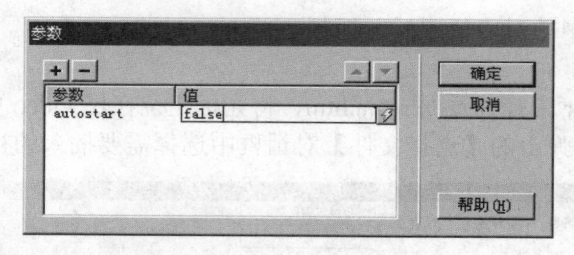

图 6.8 【参数】对话框

📁 提示

参数 autostart 用于设置在浏览页面时，视频是否自动播放，值为 true 时，表示浏览页面中视频自动播放；值为 false 时，表示浏览页面时不自动播放视频，只有当单击相应的播放按钮时才播放视频。

(4) 单击 确定 按钮，保存网页，在浏览器中预览，如图 6.9 所示。

📋 注意

插入视频的方法还有：

① 代码法：在代码视图需要插入视频的位置输入<embed src=文件地址 height=" "width="" autostart=""></embed>即可。

② 利用 ActiveX 控件插入视频：将光标定位到需要插入视频的位置，选择【插入】|【媒体】|【ActiveX】命令，再对【属性】面板中的选项进行相应的设置即可。

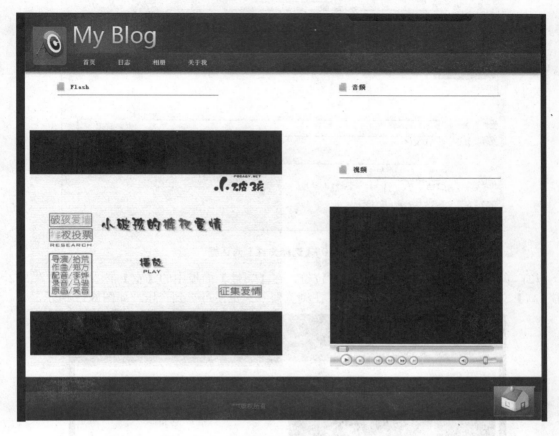

图 6.9　效果图

6.3　插　入　音　频

在 Dreamweaver 中，可以方便快捷地为网页添加音频文件，常见的音频文件格式有 MP3、WMA、RM、MID 等。

【课堂案例 6-3】

在网页中插入音频

1）案例要求

在 media.htm 页面中的对应位置插入音频。

2）操作步骤

（1）在 Dreamweaver 中打开页面 meia.htm，将光标定位在层 audio 中，选择【插入】|【媒体】|【插件】命令，在弹出的【选择文件】对话框中选择需要插入的音频，如图 6.10 所示。

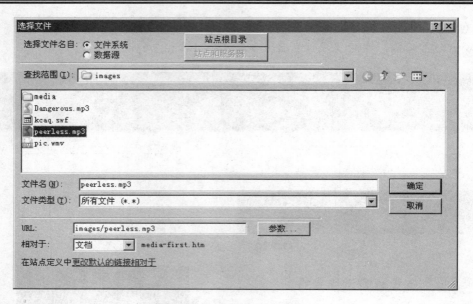

图 6.10 【选择文件】对话框

(2) 单击 确定 按钮，选择插件占位符，在【属性】面板中的【宽】文本框中输入 322，在【高】文本框中输入 64，保存网页，在浏览器中预览便可听到音乐，如图 6.11 所示。

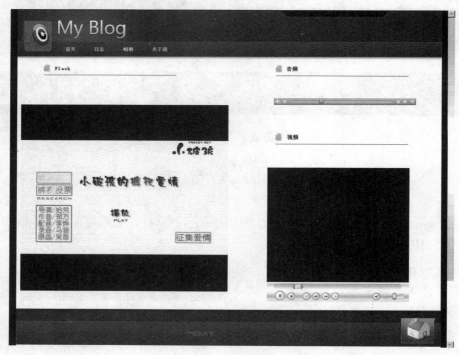

图 6.11 效果图

📂 注意

插入音频的方法还有：

① 代码法：在代码视图需要插入视频的位置输入<bgsound src=文件地址 autostart=" "/>

即可。此时插入的是背景音乐，浏览网页时不能控制音频的播放、停止等。

② 利用 ActiveX 控件插入视频：将光标定位到需要插入音频的位置，选择【插入】|【媒体】|【ActiveX】命令，再对【属性】面板中的选项进行相应的设置即可。

6.4　在 media.htm 页面中插入 Flash、视频以及音频实训

1．实训目的

(1) 掌握 Flash 的插入以及属性设置方法。
(2) 掌握视频的插入以及属性设置方法。
(3) 掌握音频的插入以及属性设置方法。

2．实训环境

在 Dreamweaver 中完成实训任务

3．实训内容

参照课堂案例 6-1～6-3 的操作步骤，制作 media.htm 页面。

本 章 小 结

所谓媒体，是指传播信息的媒介，通俗地说就是宣传的载体或平台，能为信息的传播提供平台的就可以称为媒体；而在计算机系统中，多媒体(Multimedia)是指组合两种或两种以上媒体的一种人机交互式信息交流和传播的媒体，通常包括文字、图形、图像、音频、视频等。

为了更好地表达网站的主题，为网页添加活力和吸引力，给浏览者听觉和视觉上带来强烈冲击，从而对网页留下深刻的印象，我们可以在网页中充分地利用各种多媒体元素，如图像、声音、动画、视频等，以获得更好的效果。

本章主要介绍了在 Dreamweaver 中插入 Flash、视频和音频的方法，以及相应属性的设置，为网页制作者在网页中添加多媒体奠定基础。

习 题

一、选择题

1. BODY 标记中使用的背景声音的标记符是(　　)。
　　A．bgcolor　　　　　　　　B．bgsound
　　C．background　　　　　　D．bgproperties
2. 目前，网页中使用比较普遍的图片格式有(　　)。
　　A．GIF　　　　B．JPEG　　　　C．PNG　　　　D．MOV
3. Flash 动画的扩展名是(　　)。
　　A．SWF　　　　B．JPEG　　　　C．GIF　　　　D．WMV

二、填空题

1. ＿＿＿＿＿＿＿＿＿是传递基于矢量的图形和动画的首选解决文字。

2. 网页中常用的音频格式比较多，其中＿＿＿＿＿＿＿＿＿文件一般只用来做网页的背景音乐。

3. 在网页中插入透明 Flash 时，需要设置属性中的＿＿＿＿＿＿＿＿选项。

三、简答题

1. 在网页中插入视频通常有几种方法？分别是什么？

2. 在网页中插入音频通常有几种方法？分别是什么？

第**7**章　使用 CSS

教学目标

● 掌握 CSS 文件的创建方法
● 掌握 CSS 属性的设置方法
● 掌握不同类型 CSS 的使用方法

教学要求

知识要点	能力要求
CSS 文件的创建	(1) 在 Dreamweaver 中创建 CSS 文件 (2) CSS 选择器：类选择器、ID 选择器、标记选择器的创建 (3) 单独 CSS 文件、内部 CSS、内嵌 CSS 的创建
CSS 属性的设置	包括类型、背景、区块、方框、边框、列表、定位、扩展 7 类属性
CSS 的使用	(1) 外部 CSS 文件的链入、导入 (2) 内部 CSS 的调用

重点难点

● 不同类型 CSS 文件的创建和使用
● CSS 中包含的 7 类中不同属性的设置

　　本章主要介绍利用 Dreamweaver 创建不同类型的 CSS，并在网页的相应位置对 CSS 进行调用，从而实现对网页中元素样式的设置，使网页更加美观。

7.1　创建 CSS 文件

　　CSS(Cascading Style Sheet)可译为【层叠样式表】或【级联样式表】，是一组格式设置规则，用于控制 Web 页面的外观。通过使用 CSS 样式设置页面的格式，可将页面的内容与表现形式分离。页面内容存放在 HTML 文档中，而用于定义表现形式的 CSS 规则则存放在另一个文件或 HTML 文档的某一部分中，通常为文件头部分。将内容与表现形式分离，不仅可使站点外观的维护更加容易，而且还可以使 HTML 文档代码更加简练，缩短浏览器的加载时间。

在 Dreamweaver 中，可以方便快捷地创建不同类型的 CSS 文件。

【课堂案例 7-1】创建 CSS 文件

1) 案例要求

创建一个名为 css.css 的外部 CSS 文件，其中包括类选择器、ID 选择器等。

2) 操作步骤

(1) 在 Dreamweaver 中选择【文件】|【新建】命令，如图 7.1 所示。

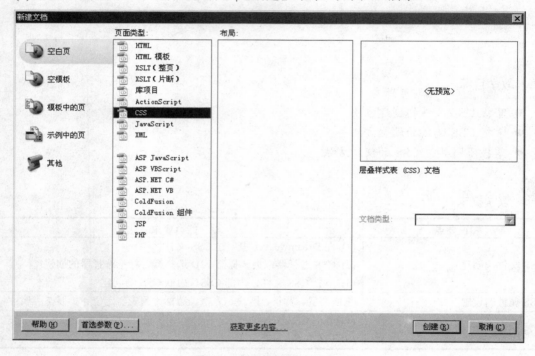

图 7.1 【新建文档】对话框

(2) 单击 创建(R) 按钮，进入 CSS 文件的代码视图。

(3) 选择【窗口】|【CSS 样式】命令，在弹出的【CSS 样式】面板中，单击 按钮，在弹出的【新建 CSS 规则】对话框中进行参数设置，如图 7.2 所示。

提示

【新建 CSS 规则】对话框中各选项说明：

① 选择器类型：为 CSS 规则选择选择器类型，可选类(可应用于任何 HTML 元素)、ID(仅应用于一个 HTML 元素)、标签(重新定义 HTML 元素)、复合内容(基于选择的内容)。

② 选择器名称：用于选择或输入选择器名称。

③ 规则定义：用于选择定义规则的位置，可选(仅限该文档)、(新建样式表文件)。

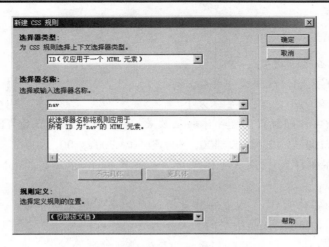

图 7.2 【新建 CSS 规则】对话框

(4) 单击 确定 按钮，在弹出的【#nav 的 CSS 规则定义】对话框中进行设置，分别如图 7.3、图 7.4 所示。

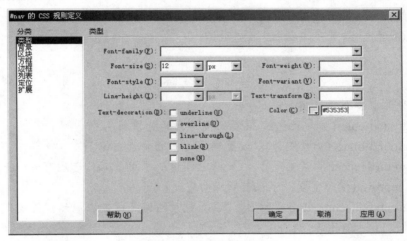

图 7.3 【类型】分类

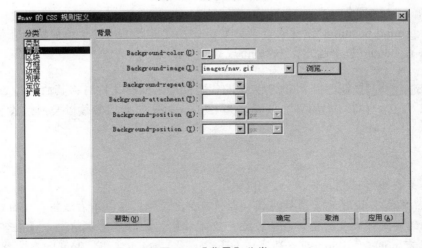

图 7.4 【背景】分类

📁 提示

【类型】分类中各选项说明:

① Font-family(字体): 设置文字字体。

② Font-size(字体大小): 设置字体大小。

③ Font-weight(字体粗细): 设置字体粗细效果,选项有 normal(正常)、bold(粗体)、bolder(特粗)、lighter(细体)、100、200、300、400、500、600、700、800、900。

④ Font-style(字体样式): 设置字体风格。选项有 normal(正常)、italic(斜体)、oblique(偏斜体)。

⑤ Font-variant(字体变体): 设置字体是否显示为小型的大写字母, 主要用于英文字体。选项有 normal(正常)、small-caps(小型的大写字母)。

⑥ Line-height(行高): 设置文本所在行的高度, 可分别选择输入值以及单位。

⑦ Text-transform(转换英文大小写):设置英文字体的大小写显示状态,选项有 capitalize(首字母大写)、uppercase(大写)、lowercase(小写)、none(无)。

⑧ Text-decoration(文本修饰): 为文字添加一些常用的修饰, 选项有 underline(下划线)、overline(上划线)、line-through(删除线)、blink(闪烁)、none(无)。

⑨ Color(颜色): 设置字体颜色。

📁 提示

【背景】分类中各选项说明:

① Background-color(背景颜色): 设置网页元素的背景颜色。

② Background-image(背景图像): 设置网页元素的背景图像。

③ Background-repeat(背景重复): 控制背景图像的平铺方式, 选项有 no-repeat(不重复)、repeat(重复)、repeat-x(横向重复)、repeat-y(纵向重复)。

④ Background-attachment(背景附件): 设置背景图像是固定在原始位置还是随内容滚动, 选项有 fixed(固定)、scroll(滚动)。

⑤ Background-position(X)(背景水平位置): 设置背景图像相对于元素的水平位置,选项有 left(左对齐)、center(居中对齐)、right(右对齐)。

⑥ Background-position(Y)(背景垂直位置): 设置背景图像相对于元素的垂直位置,选项有 top(顶端对齐)、center(居中对齐)、bottom(底端对齐)。

(5) 单击 确定 按钮, 回到 CSS 文件的代码视图, 保存文件时将其命名为 css.css。

(6) 按步骤(2)、(3)、(4)的方法创建名为 tableborder 的类, 参数以及属性设置如图 7.5、图 7.6 所示。

📁 提示

【边框】分类中各选项说明:

① Style(样式): 设置元素边框线的样式。Top(上边框)、Right(右边框)、Bottom(底边框)、Left(左边框)的样式可设置为全部相同, 亦可互不相同, 此时只需取消选中【全部相同】复选框即可。选项有 none(无)、dotted(点划线)、dashed(虚线)、solid(实线)、double(双直线)、groove(凹

槽线)、ridge(脊状线)、inset(嵌入式)、outset(嵌出式)。

② Width(宽度): 设置元素边框线的粗细。Top(上边框)、Right(右边框)、Bottom(底边框)、Left(左边框)的宽度可设置为全部相同, 亦可互不相同, 此时只需取消选中【全部相同】复选框即可。选项有 thin(细边框)、medium(中等边框)thick(粗边框)、(值)。

③ Color(颜色): 设置元素边框线的颜色。Top(上边框)、Right(右边框)、Bottom(底边框)、Left(左边框)的颜色可设置为全部相同, 亦可互不相同, 此时只需取消选中【全部相同】复选框即可。

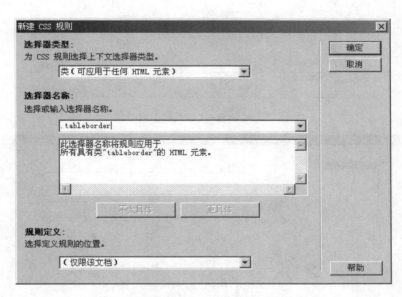

图 7.5 【新建 CSS 规则】对话框

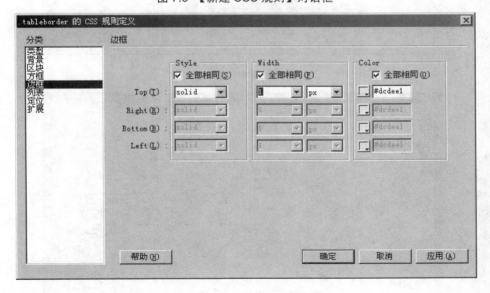

图 7.6 【边框】分类

(7) 按步骤(2)、(3)、(4)的方法创建名为 t1 的类, 参数以及属性设置如图 7.7、图 7.8、图 7.9 所示。

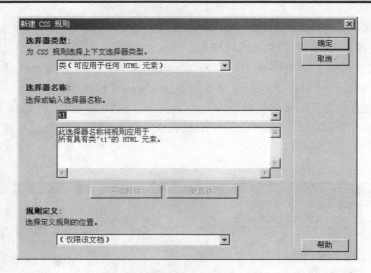

图 7.7 【新建 CSS 规则】对话框

图 7.8 【类型】分类

图 7.9 【方框】分类

📁 提示

【方框】分类中各选项说明：

① Width(宽度)：设置元素的宽度。

② Height(高度)：设置元素的高度。

③ Padding(填充)：设置元素与元素中内容之间的空白距离。Top(上)、Right(右)、Bottom(下)、Left(左)的填充值可设置为全部相同，亦可互不相同，此时只需取消选中【全部相同】复选框即可。

④ Margin(边距)：设置网页中某个元素的四边和网页中其他元素之间的空白距离。Top(上)、Right(右)、Bottom(下)、Left(左)的边距值可设置为全部相同，亦可互不相同，此时只需取消选中【全部相同】复选框即可。

(8) 按步骤(2)、(3)、(4)的方法创建名为 pic 的类，参数以及属性设置如图 7.10、图 7.11 所示。

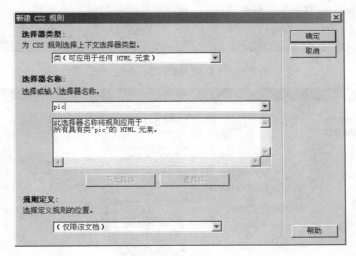

图 7.10 【新建 CSS 规则】对话框

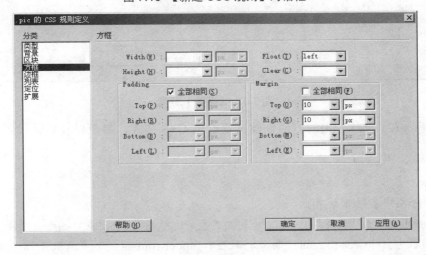

图 7.11 【方框】分类

(9) 按步骤(2)、(3)、(4)的方法创建名为 lbzj 的类,参数以及属性设置如图 7.12、图 7.13 所示。

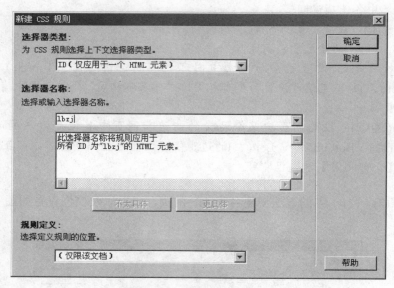

图 7.12 【新建 CSS 规则】对话框

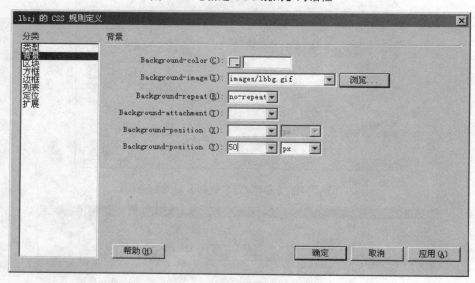

图 7.13 【背景】分类

(10) 按步骤(2)、(3)、(4)的方法创建标签 li 的 CSS 样式,参数以及属性设置如图 7.14、图 7.15 所示。

提示

【列表】分类中各选项说明:

① List-style-type(列表类型):设置列表的类型,选项有 disc(圆点)、circle(圆圈)、square(方块)、decimal(数字)、lower-roman(小写罗马数字)、upper-roman(大写罗马数字)、lower-alpha(小写字母)、upper-alpha(大写字母)、none(无)。

② List-style-image(项目符号图像)：设置项目符号的自定义图像，单击 浏览... 按钮选择图像。

③ List-style-Position(列表位置)：设置列表的位置，选项有 inside(内)、outside(外)。

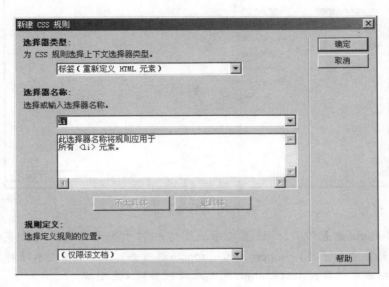

图 7.14　【新建 CSS 规则】对话框

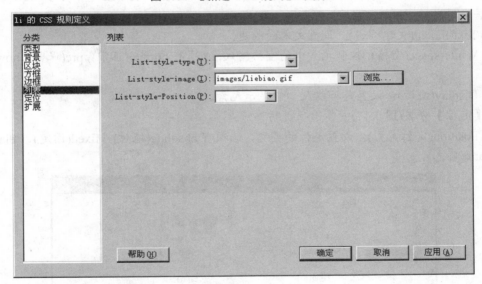

图 7.15　【列表】分类

(11) 按步骤(2)、(3)、(4)的方法创建名为 foot 的 ID，参数与名为 nav 的 ID 参数一致。

(12) 保存文件。

提示

1)【区块】分类(图 7.16)中各选项说明

(1) Word-spacing(单词间距)：设置文字间的间距，选项有 normal(正常)、(值)。

(2) Letter-spacing(字母间距)：设置字母间的间距，选项有 normal(正常)、(值)。

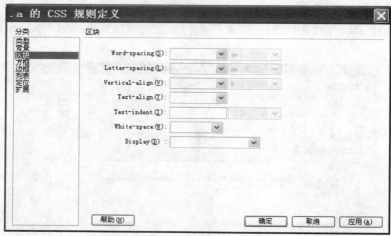

图 7.16 【区块】分类

(3) Vertical-align(垂直对齐)：设置文字或图像相对于其母体元素的垂直位置，选项有 baseline(基线对齐)、sub(下标)、super(上标)、top(顶端对齐)、text-top(文本顶对齐)、middle(中线对齐)、bottom(底端对齐)、text-bottom(文本底端对齐)、(值)。

(4) Text-align(文本对齐)：设置文本的对齐方式，选项有 left(左对齐)、right(右对齐)、center(居中对齐)、justify(两端对齐)。

(5) Text-indent(文字缩进)：设置文本的缩进。

(6) White-space(空格)：控制元素中的空格输入，选项有 normal(正常)、pre(保留)、nowrap(不换行)。

(7) Display(显示)：设置是否以及如何显示元素。

2)【定位】分类(图 7.17)中各选项说明

(1) Position(定位类型)：设置定位的类型，选项有 absolute(绝对)、fixed(固定)、relative(相对)、static(静态)。

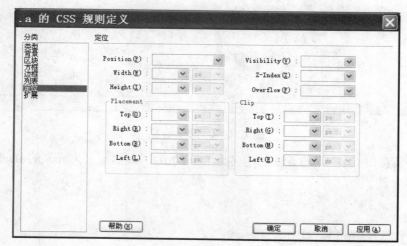

图 7.17 【定位】分类

① absolute 脱离文档流，通过 top、bottom、left、right 定位。选取其最近的父级定位元素，当父级 position 为 static 时，absolute 元素将以 body 坐标原点进行定位，可以通过 z-index 进行层次分级。

② fixed 固定定位，这里它所固定的对象是可视窗口而并非是 body 或是父级元素，可通过 z-index 进行层次分级。

③ static 没有特别的设定，遵循基本的定位规定，不能通过 z-index 进行层次分级。relative 不脱离文档流，参考自身静态位置通过 top、bottom、left、right 定位，并且可以通过 z-index 进行层次分级。

(2) Visibility(可见性)：设置层的初始显示状态，选项有 inherit(继承)、visible(可见)、hidden(隐藏)。

① inherit(继承)表示继承父层的可见性，如果无父层，则可见。

② visible(可见)表示无论父层的可见性为何种状态，该层均可见。

③ hidden(隐藏)表示无论父层的可见性为何种状态，该层均隐藏。

(3) Width(宽度)、Height(高度)：设置元素的宽度和高度。

(4) Z-Index(Z 轴)：设置层的叠放顺序，值大的层在值小的层的上面。

(5) Overflow(溢出)：设置当层的内容超出层的尺寸时的显示状态，选项有 visible(可见)、hidden(隐藏)、scroll(滚动)、auto(自动)。

(6) Placement(定位)：设置对象定位层的位置，可分别设置 Top(上)、Right(右)、Bottom(下)、Left(左)。

(7) Clip(裁剪)：用于剪裁绝对定位的元素。clip 属性必须和定位属性 Position 值为 absolute 一起使用才能生效。

3) 【扩展】分类(图 7.18)中各选项说明

(1) Page-break-before(之前强制分页)：设置元素前的分页行为，选项有 auto(自动)、always(总是)、left(左)、right(右)。

① auto 表示默认值，如果有必要则在元素前插入分页符。

② always 表示在元素前插入分页符。

图 7.18　【扩展】分类

③ left 表示在元素之前插入足够的分页符，一直到一张空白的左页为止。

④ right 表示在元素之前插入足够的分页符，一直到一张空白的右页为止。

(2) Page-break-after(之后强制分页)：设置元素后的分页行为，选项有 auto(自动)、always(总是)、left(左)、right(右)。

① auto 表示默认值，如果有必要则在元素后插入分页符。

② always 表示在元素后插入分页符。

③ left 表示在元素之后插入足够的分页符，一直到一张空白的左页为止。

④ right 表示在元素之后插入足够的分页符，一直到一张空白的右页为止。

(3) Cursor(光标)：设置鼠标指针位于样式所控制的对象上时改变鼠标指针的形状。

(4) Filter(滤镜)：设置样式控制对象的特殊效果，选项如图 7.19 所示。

```
Alpha(Opacity=?, FinishOpacity=?, Style=?, StartX=?, StartY=?, FinishX=?, FinishY=?)
BlendTrans(Duration=?)
Blur(Add=?, Direction=?, Strength=?)
Chroma(Color=?)
DropShadow(Color=?, OffX=?, OffY=?, Positive=?)
FlipH
FlipV
Glow(Color=?, Strength=?)
Gray
Invert
Light
Mask(Color=?)
RevealTrans(Duration=?, Transition=?)
Shadow(Color=?, Direction=?)
Wave(Add=?, Freq=?, LightStrength=?, Phase=?, Strength=?)
Xray
```

图 7.19 【Filter】(滤镜)选项

① Alpha(Opacity=?, FinishOpacity=?, Style=?, StartX=?, StartY=?, FinishX=?, FinishY=?)：用于设置对象的不同透明度的变化效果。其中，Opacity 表示透明度，默认的范围是从 0 到 100，它其实是百分比的形式，也就是说，0 代表完全透明，100 代表完全不透明；FinishOpacity 是一个可选参数，如果想要设置渐变的透明效果，就可以使用它来指定结束时的透明度，范围也是 0 到 100；Style 用来指定透明区域的形状特征，0 代表统一形状，1 代表线形，2 代表放射状，3 代表矩形；StartX 表示渐变透明效果开始处的 X 坐标；StartY 表示渐变透明效果开始处的 Y 坐标；FinishX 表示渐变透明效果结束处的 X 坐标；FinishY 表示渐变透明效果结束处的 Y 坐标。

② BlendTrans(Duration=?)：用于设置图片的淡入淡出效果，Duration 表示过渡时间。

③ Blur(Add=?, Direction=?, Strength=?)：用于创建模糊效果。Add 指定图片是否被改变成印象派的模糊效果。模糊效果是按顺时针的方向进行的，它是一个布尔值，为 true(默认)或 false；Direction 参数用来设置模糊的方向，0° 代表垂直向上，每 45° 为一个单位，默认值是向左的 270°；Strength 只能使用整数来指定，代表有多少像素的宽度将受到模糊影响，默认是 5 个像素。

④ Chroma(Color=?)：设置专用颜色透明，Color 表示颜色。

⑤ DropShadow(Color=?, OffX=?, OffY=?, Positive=?)：用于创建投射阴影。Color 代表投射阴影的颜色；OffX 表示 X 方向阴影的偏移量；OffY 表示 Y 方向阴影的偏移量；Positive 为布尔值，如果为 true(非 0)，就为任何的非透明像素建立可见的投影；如果为 false(0)，就为透明的像素部分建立透明效果。

⑥ FlipH：水平翻转。

⑦ FlipV：垂直翻转。

⑧ Glow(Color=?, Strength=?)：为对象的边缘创建类似发光的效果。Color 指定发光的颜

色；Strength 表示强度，值为 1 到 255 之间的任何整数，指定发光颜色的力度和范围。

⑨ Gray：将图片转换为灰度图。

⑩ Invert：将图像颜色反相。

⑪ Light：用于模拟光源的投射效果。

⑫ Mask(Color=?)：为对象建立一个覆盖于表面的膜，其效果就像戴着有色眼镜看物体一样，Color 代表颜色。

⑬ RevealTrans(Duration=?, Transition=?)：设置图片交替的过渡效果。Duration 表示过渡时间；Transition 表示过渡类型。

⑭ Shadow(Color=?, Direction=?)：为对象创建阴影。Color 代表阴影颜色；Direction 代表角度。

⑮ Wave(Add=?, Freq=?, LightStrength=?, Phase=?, Strength=?)：为对象创建波纹效果。Add 表示是否要把对象按照波形样式打乱；Freq 表示波纹的频率，也就是指定在对象上一共需要产生多少个完整的波纹；LightStrength 可以对波纹增强光影的效果，范围是从 0 到 100；Phase 用来设置正弦波的偏移量；Strength 表示振幅大小。

⑯ Xray：为对象创建像被 X 光照射一样的效果。

7.2　使用 CSS 样式

在 Dreamweaver 中，可以方便地调用已经定义的 CSS 样式，可通过属性调用，也可通过代码调用。

【课堂案例 7-2】使用 CSS 样式

1）案例要求

在 no css.htm 页面中使用 CSS 样式。

2）操作步骤

(1) 在 Dreamweaver 中打开页面 no css.htm，如图 7.20 所示。

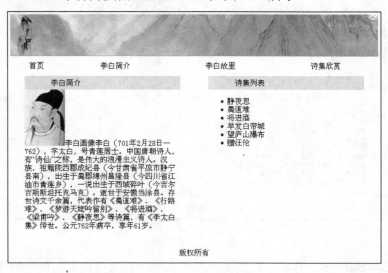

图 7.20　no css.htm 效果图

(2) 选择【窗口】|【CSS 样式】命令，在弹出的【CSS 样式】面板中，单击 ⊕ 按钮，在弹出的【链接外部样式表】对话框中单击 浏览... 按钮，在弹出的【选择样式表文件】对话框中选择要链接的外部样式表文件，再单击 确定 按钮，回到【链接外部样式表】对话框，如图 7.21 所示，再单击 确定 按钮，回到 Dreamweaver 设计视图。

📁 提示

链接外部 CSS 文件还可采用在代码中文档头部分输入以下代码的方法实现。

```
<link href="css.css" rel="stylesheet" type="text/css" />
```

(3) 将 no css.htm 另存为 css.html。

(4) 选择表格 navigate 的第 1 行第 1 列的单元格，在【属性】面板中的【ID】下拉列表框中选择 nav，如图 7.22 所示。

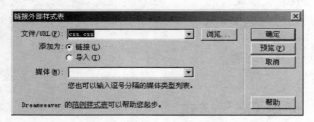

图 7.21 【链接外部样式表】对话框

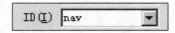

图 7.22 【ID】下拉列表框

📁 提示

可以应用名为 nav 的 ID，也可将直接将表格 navigate 改名为 nav。

(5) 保存网页，在浏览器中预览，如图 7.23 所示。

图 7.23 效果图

(6) 选择表格 copyright 的第 1 行第 1 列的单元格，在【属性】面板中的【ID】下拉列表框中选择 foot，保存网页，在浏览器中预览，如图 7.24 所示。

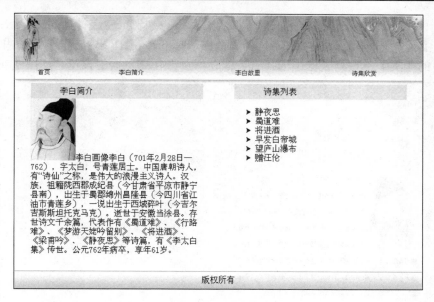

图 7.24　效果图

提示

可以应用名为 foot 的 ID 的样式，也可直接将表格 copyright 改名为 foot。

(7) 选择文字"李白简介"和"诗集列表"，在【属性】面板中【类】下拉列表框中选择 t1，保存网页，在浏览器中预览，如图 7.25 所示。

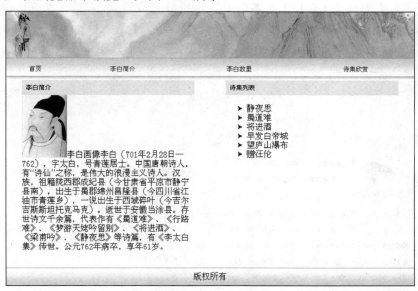

图 7.25　效果图

提示

使用 CSS 类时也可直接在对应的标记中输入 class="类名"。

(8) 选择表格 left，在【属性】面板中的【类】下拉列表框中选择 tableborder；选择李白画像图，在【属性】面板中的【类】下拉列表框中选择 pic；选择"李白简介"的内容，在【属性】面板中的【类】下拉列表框中选择 t1，保存网页，在浏览器中预览，如图 7.26 所示。

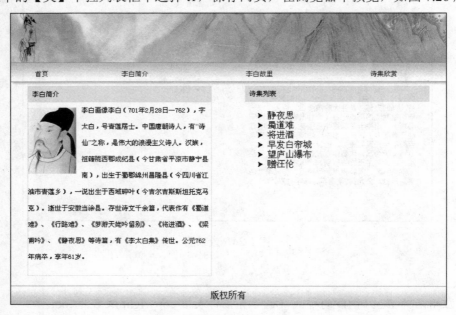

图 7.26　效果图

(9) 选择表格 right，在【属性】面板中的【类】下拉列表框中选择 tableborder；选择表格 liebiao，将【属性】面板中【表格】文本框中的 liebiao 更改为 lbzj；选择"诗集列表"的内容，在【属性】面板中的【类】下拉列表框中选择 t1；选择文本"版权所有"，在【属性】面板中的【类】下拉列表框中选择 t1，保存网页，在浏览器中预览，如图 7.27 所示。

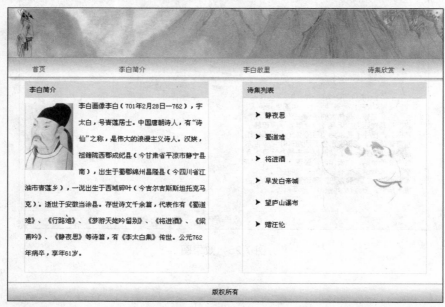

图 7.27　效果图

7.3　定义 CSS 文件并使用所定义的样式实训

1．实训目的

(1) 掌握 CSS 文件的创建方法。
(2) 掌握 CSS 样式的使用方法。

2．实训环境

在 Dreamweaver 中完成实训任务。

3．实训内容

参照课堂案例 7-1 和课堂案例 7-2 的操作步骤，制作 css.html 页面。

本 章 小 结

CSS(Cascading Style Sheet)可译为【层叠样式表】或【级联样式表】，它定义如何显示 HTML 元素，用于控制 Web 页面的外观。使用 CSS 可实现页面的内容与表现形式分离，极大提高工作效率 。样式存储在样式表中，通常放在<head>部分或存储在外部 CSS 文件中。作为网页标准化设计的趋势，CSS 取得了浏览器厂商的广泛支持，正越来越多地被应用到网页设计中。

本章主要介绍了在 Dreamweaver 中创建 CSS 文件以及使用 CSS 样式的方法。

习　　题

一、选择题

1．如果要为网页链接一个外部样式表文件，应使用(　　)标记。
　　A．a　　　　　　　　B．css　　　　　　　C．style　　　　　　　D．link
2．使用 CSS 样式规则中的(　　)可以定义标记和属性的间距以及设置对齐方式。
　　A．边框　　　　　　　B．方框　　　　　　C．区块　　　　　　　D．类型
3．CSS 文件的扩展名是(　　)。
　　A．HTML　　　　　　B．htm　　　　　　C．css　　　　　　　D．txt

二、填空题

1．CSS 样式表的插入方法有_____、_____、_____、_____。

2．在 CSS 样式定义中，要想定义背景图像不显示平铺效果，在【重复】下拉列表框中选择_____选项。

3．CSS 是_____。

三、简答题

1．简述 CSS 的功能。
2．在 Dreamweaver 中，CSS 样式有哪些类型？
3．简述样式表插入的 4 种方法的特点和优先顺序。

第**8**章　使用行为

　教学目标

- 掌握行为的创建方法
- 掌握行为中事件以及动作的选择

　教学要求

知识要点	能力要求
行为的创建	(1) 选择需要创建行为的对象 (2) 为对象添加行为
事件以及动作的选择	(1) 事件包括 onMouseOver、onMouseOut、onLoad 等 (2) 动作包括交换图像、弹出信息、改变属性、设置文本等 (3) 一个事件可以触发多个动作

　重点难点

- 行为的创建及使用

　　本章主要介绍利用 Dreamweaver 创建不同的行为，通过不同的事件来触发不同的行为，使网页更具有交互性，更加生动精彩。

8.1　行为的创建和使用

　　行为是 Dreamweaver 预置的 JavaScript 程序库，每个行为包括一个动作和一个事件，任何一个动作都需要一个事件激活。

　　在 Dreamweaver 中，可以方便快捷地创建行为。

【课堂案例 8-1】行为的创建及使用

1) 案例要求

(1) 为网页 css.htm 导航添加行为，当鼠标移到导航文字上时，文字颜色更改为 blue，当鼠标从文字上移开后，文字颜色还原为#535353。

(2) 为李白画像添加行为，当鼠标移到李白画像图像上时，李白画像交换成黑白图像，当鼠标从图像上移开时，李白画像还原成彩色图像。

(3) 网页加载时，网页状态栏的文本显示为"诗仙——李白"。

2) 操作步骤

(1) 在 Dreamweaver 中打开网页 css.html。

(2) 选择导航文本【首页】，在【属性】面板中的【ID】文本框中输入 sy，选择【窗口】|【行为】命令打开【行为】面板，单击 ⊹ 按钮，在弹出的菜单中选择【改变属性】命令，如图 8.1 所示。

(3) 在弹出的【改变属性】对话框中进行属性设置，如图 8.2 所示。

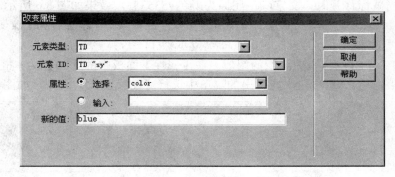

图 8.1 【改变属性】命令　　　　　　　图 8.2 【改变属性】对话框

(4) 单击 确定 按钮，在【行为】面板中 onFocus 的下拉列表框中选择 onMouseOver，如图 8.3 所示。

图 8.3 【行为】面板

(5) 重复步骤(1)、(2)，在弹出的【改变属性】对话框中进行属性设置，如图 8.4 所示。

(6) 单击 确定 按钮，在【行为】面板中 onFocus 的下拉列表框中选择 onMouseOut，如图 8.5 所示。

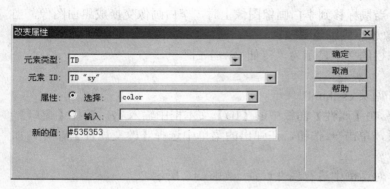

图 8.4 【改变属性】对话框   图 8.5 【行为】面板

(7) 保存网页，在浏览器中预览，当鼠标移到文字【首页】上时，首页文字颜色变为蓝色，当鼠标移开时，文字颜色还原为颜色#535353，效果如图 8.6 所示。

(8) 为"李白简介"、"李白故里"、"诗集欣赏"添加行为【改变属性】的操作方法与为【首页】添加行为的方法相同，即重复步骤(1)~(7)。

(9) 选择李白画像的图像，在【属性】面板中的【ID】文本框中输入 lb，进入【行为】面板，单击 + 按钮，在弹出的菜单中选择【交换图像】命令，如图 8.7 所示。

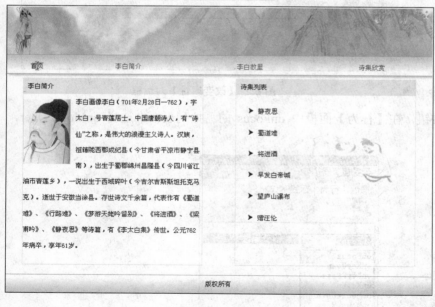

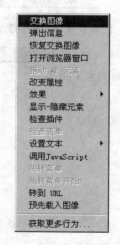

图 8.6 效果图   图 8.7 【交换图像】命令

(10) 在弹出的【交换图像】对话框中单击 浏览... 按钮，在弹出的【选择图像源文件】对话框中选择需要打开的灰色李白图像，如图 8.8 所示。

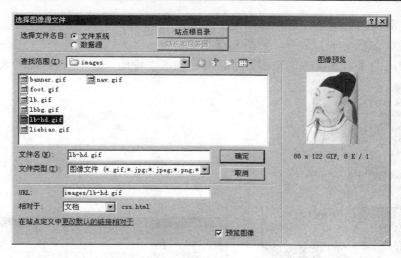

图 8.8 【选择图像源文件】对话框

(11) 单击 确定 按钮，回到【交换图像】对话框中，如图 8.9 所示。

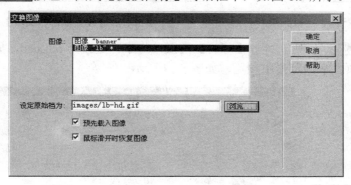

图 8.9 【交换图像】对话框

(12) 单击 确定 按钮，保存网页，在浏览器中预览，如图 8.10 所示。

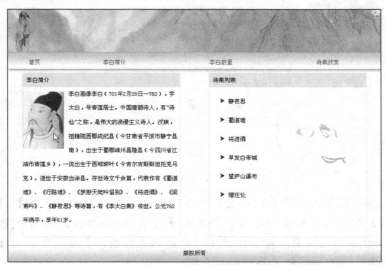

图 8.10 效果图

(13) 在页面空白处单击，进入【行为】面板，单击 ✚ 按钮，在弹出的菜单中选择【设置文本】|【设置状态栏文本】命令，如图 8.11 所示。

(14) 在弹出的【设置状态栏文本】对话框中输入"诗仙——李白"，如图 8.12 所示。

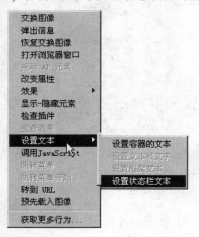

图 8.11 【添加行为】下拉菜单　　　　　　　图 8.12 【设置状态栏文本】对话框

(15) 单击 确定 按钮，进行【行为】面板，将事件更改为 onLoad，如图 8.13 所示。

(16) 保存网页，在浏览器中预览，如图 8.14 所示。

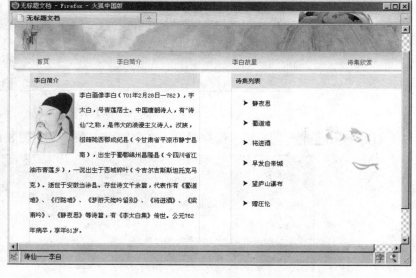

图 8.13 【行为】面板　　　　　　　　　　　图 8.14 效果图

🗂 提示

若火狐浏览器不能显示更改后的状态栏文本，则选择浏览器的【工具】|【选项】命令，在弹出的【选项】对话框中单击 按钮，再单击【启用 JavaScript】右侧的 高级(V)… 按钮，在弹出的【JavaScript 高级设置】对话框中选中【修改状态栏内容】复选框，如图 8.15 所示。

最后单击两次 确定 按钮，再刷新页面即可。

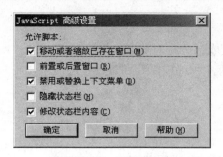

图 8.15 【JavaScript 高级设置】对话框

8.2 使用行为实训

1. 实训目的

(1) 掌握行为的创建方法。

(2) 掌握行为相关参数的设置方法。

2. 实训环境

在 Dreamweaver 中完成实训任务。

3. 实训内容

参照课堂案例 8-1 的操作步骤，为 css.htm 页面添加相应的行为。

本 章 小 结

行为是用来动态响应用户操作、改变当前页面效果或执行特定任务的一种方法。行为是由事件和动作构成的。例如，当用户把鼠标移动到对象上时，这个对象会产生所定义的变化。此时鼠标移动称为事件，对象所产生的变化称为动作。一个事件可以触发许多动作，用户可以定义它们执行的顺序。利用 Dreamweaver 中内置的行为，无须书写代码，就可以实现丰富的动态页面效果，达到用户与页面交互的目的。

本章主要介绍了在 Dreamweaver 中行为的创建以及相关参数的设置方法，为网页设计者实现浏览者与网页之间的人机交互奠定坚实的理论基础。

习 题

一、选择题

1. 在 Dreamweaver 中打开【行为】面板的快捷操作是按( )键。
    A．Shift+F4   B．Shift+F11   C．F11   D．Ctrl+F4

2. 下列选项中( )不是访问者对网页的基本操作。
    A．onMouseOver   B．onMouseOut   C．onClick   D．onLoad

二、填空题

1．行为有 3 个重要的组成部分：对象、＿＿＿＿＿＿＿＿和＿＿＿＿＿＿＿。

2．【设置文本】行为中有 4 种选项，分别是设置层文本、＿＿＿＿＿＿＿、＿＿＿＿＿＿＿、
＿＿＿＿＿＿＿＿＿。

三、简答题

1．简述行为的概念。

2．简述 JavaScript 的特点以及应用范围。

3．怎样利用行为制作导航效果？

第 9 章 CSS 基础

 教学目标

- 掌握 CSS 的语法
- 熟悉 CSS 控制页面的方式
- 理解 CSS 继承和层叠机制

 教学要求

知识要点	能力要求
CSS 语法	(1) 掌握 CSS 的基本语法 (2) 掌握 CSS 的各种选择器
CSS 控制页面方式	掌握 CSS 控制页面的常见方式
CSS 继承	了解 CSS 继承的原理
CSS 层叠机制	理解 CSS 的各种层叠方式

 重点难点

- CSS 选择器
- CSS 层叠机制

这一章主要介绍 CSS 的基本语法、如何使用 CSS 控制页面、CSS 继承和层叠机制。

9.1 CSS 概述

1994 年，哈坤·利提出了 CSS 的最初建议，伯特·波斯与其一起合作设计 CSS。从设计之初至今，CSS 经历了 1.0(1996 年 12 月出版)、2.0(1998 年 5 月出版)、2.1(目前最新版本，为 W3C 的候选推荐标准)和 3.0 版本(开发中)。

CSS 最主要的目的是将文档(用 HTML 或其他相关语言编写)与文档的显示分隔开，使得文档的可读性更强，并简化文档的结构使其更加灵活。

尽管在目前最流行的 Web 前端开发中 CSS 越来越被开发人员重视，但由于各种原因，目前主流浏览器(如 IE、Firefox、Chrome、Opera、Safari)对 CSS 规则的支持不尽相同，这是开发人员在网页开发中不能忽视的问题。

9.2 CSS 的基本语法

CSS 语法由三部分组成：选择器、属性和属性值，它们的结构如下所示。

选择器　{属性:属性值;}

选择器通常是将要改变样式的 HTML 元素，属性是将被改变的 HTML 元素的样式属性，每个属性都有一个属性值。属性和属性值之间以冒号分开，以分号结束，并由大括号包围。属性和属性值合称声明，选择器与声明组成一个完整的样式规则。

例如：p {color: red;}

p 是选择器，它选择了一个 HTML 文档中所有的<p>元素，大括号内的部分是声明，声明由属性 color 和属性值 red 组成。这个 CSS 样式将<p>元素内的文字颜色定义为红色。

9.2.1　选择器

1. 常用选择器

常用的选择器是类型选择器和派生选择器。

类型选择器用于指定特定类型的元素，如标题(h1，h2，…，h6)、段落(p)或链接(a)。类型选择器也称为元素选择器或简单选择器。

【课堂示例 9-1】CSS 类型选择器

将文档 ex9-1.html 在浏览器中打开，如图 9.1 所示。

```
CSS:
h1 {font-size: 14px;}
p {text-decoration:underline;}
span {font-weight:bold;}
```

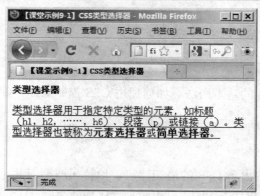

图 9.1 CSS 类型选择器

　　派生选择器用于指定特定元素或元素组的子元素，允许根据文档的上下文关系来确定某个标签的样式。派生选择器由两个或多个具有上下文关系的选择器组成，多个选择器之间以空格分隔。

　　例如：ul li a {text-decoration:none;}只影响无序列表项中的链接的样式。

　　还有一种特殊的派生选择器称为子选择器，它只选择元素的直接后代。

【课堂示例 9-2】CSS 子选择器

将文档 ex9-2.html 在浏览器中打开，如图 9.2 所示。

```
HTML:
<ul id="nav">
    <li>菜单 1</li>
    <li>菜单 2</li>
        <ul>
            <li>菜单 2.1</li>
            <li>菜单 2.2</li>
        </ul>
    <li>菜单 3</li>
</ul>
CSS:
#nav > li { font-weight:bold;}
```

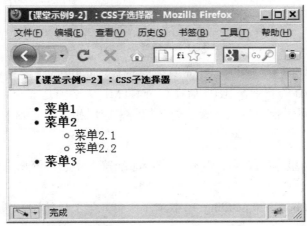

图 9.2　CSS 子选择器

　　选择器#nav > li 只选择#nav 的直接子 li 元素，也就是 HTML 中的包含在 li 元素内的菜单 1、菜单 2 和菜单 3，而间接子 li 元素内的菜单 2.1 和菜单 2.2 则被忽略。

　　2.　ID 选择器和类选择器

　　类型选择器和派生选择器适用于大范围的一般性样式，当需要对特定的某个元素指定样式时就要使用 ID 选择器和类选择器了。ID 选择器和类选择器会选择指定对应 ID 或类的元素。

　　ID 选择器以"#"定义，类选择器以"."定义。

【课堂示例 9-3】ID 选择器和类选择器

将文档 ex9-3.html 在浏览器中打开，如图 9.3 所示。

```
HTML:
<h6>非 ID 选择器,浏览器默认样式</h6>
<h6 id="title">ID 选择器,字体为 14 像素</h6>
<p>非类选择器,浏览器默认样式</p>
<p class="text">类选择器,显示为斜体</p>
CSS:
#title {font-size:14px;}
.text {font-style:italic;}
```

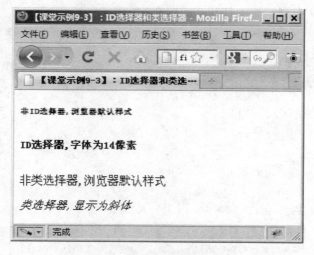

图 9.3　ID 选择器和类选择器

虽然 ID 选择器和类选择器都可以指定具体的元素,但 ID 选择器具有唯一性,也就是说,HTML 中每个被指定 ID 的元素,其 ID 值在整个 HTML 中必须是唯一的。而类选择器可以重复使用,在 HTML 中可以指定任意元素的类名相同来应用相同的 CSS 样式。

3．通用选择器

通用选择器由一个星号(*)表示,其作用类似通配符,用于选择所有可用元素,对页面所有元素应用样式。

例如:* {margin:0;border:0;padding:0;}取消了所有元素的外边距、边框和内边距。

4．特殊选择器

第一种要介绍的特殊选择器称为相邻同级选择器。顾名思义,相邻同级选择器是根据元素的相邻关系来选择特定元素的,它会选择紧跟在一个特殊的同级元素后面的元素。

【课堂示例 9-4】相邻同级选择器

将文档 ex9-4.html 在浏览器中打开,如图 9.4 所示。

```
HTML:
<h1>文章标题</h1>
<p>正文第一段</p>
<p>正文第二段</p>
CSS:
h1 + p{ font-family:微软雅黑;}
```

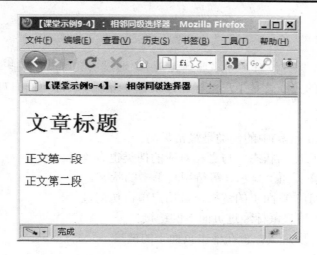

图 9.4　相邻同级选择器

相邻选择器 h1 + p 仅为元素 h1 之后的第 1 个 p 元素的应用样式。

另外一种需要介绍的特殊选择器是属性选择器。属性选择器可以根据元素是否存在某个属性或属性值来选择元素，只要元素中的属性存在差别，就可以对这些元素应用不同的样式。不过需要注意，IE6、IE7 都不支持属性选择器。

【课堂示例 9-5】属性选择器

将文档 ex9-5.html 在浏览器中打开，如图 9.5 所示。

```
HTML:
<a href="http://www.abc.com" title="link1" >友情链接 1</a><br />
<a href="http://www.abc.com">友情链接 2</a>
CSS:
a[title] {text-decoration:line-through;}
```

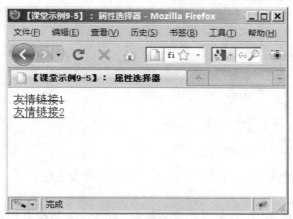

图 9.5　属性选择器

上面的 CSS 样式将只应用在包含 title 属性的 a 元素上，而不在乎 a 元素的 title 属性具体的属性值是什么。如果要更具体地指定属性值，可以写成a[title="link1"] {text-decoration:none;}，这样将只选择存在属性 title 并且其属性值为 link1 的 a 元素。

9.2.2 伪类和伪元素

伪类也是一种类，但并没有实际添加到元素中。通过伪类可以在某些事件发生时将样式应用到元素上。最常见的实践就是用户鼠标经过或者单击某个页面上的 HTML 元素。

1. 锚链接的伪类

应用在超级链接(a 元素)中的伪类是最常见的。

超级链接有 4 种可能的状态，与之相对应的伪类也有 4 种。

(1) 链接(link)：在页面上显示并等待用户单击的状态。

(2) 已访问(visited)：页面上的链接已被用户单击访问过。

(3) 悬停(hover)：用户鼠标经过页面上的链接。

(4) 单击(active)：用户鼠标正在单击页面上的链接。

例如：a:link {color:gray;}

　　　a:visited {color:red;}

　　　a:hover {color:blue;}

　　　a:active {color:yellow;}

根据上面的 CSS 样式，页面中的超级链接初始显示时的文字是灰色的；当鼠标悬停在超链接上时文字变成蓝色；当用户单击超链接时文字变成黄色；若用户单击过这个超链接，文字将变为红色。

一定要注意，在定义锚链接的伪类的 CSS 样式时，按照 W3C 的 CSS 标准，必须按照"链接、已访问、悬停、单击"的顺序进行定义。

2. 其他伪类

1) :first-child

这个伪类用来选择元素的第 1 个子元素。

例如：

```
HTML:
<ol>
<li>第一步</li>
<li>第二步</li>
<li>第三步</li>
</ol>
CSS:
li:first-child{color:red;}
```

这样只会改变第 1 个 li 元素的样式，将其中的文字变为红色。

2) :focus

当用户单击一个表单字段，比如某个文本框时，这个文本框会获得焦点并允许用户在其中输入字符。:focus 伪类就是指元素获得焦点时的状态。

例如：input:focus{border:1px solid red;}

这样当文本框获得焦点时，它的边框将变为 1 像素宽的红色实线。

3) :lang

:lang 伪类可以为不同的语言定义特殊的规则。

例如：

```
HTML:
<p>这是一段<q lang="no">较短的引用</q>文字</p>
CSS:
q:lang(no){color:red;}
```

3. 伪元素

伪元素提供一种在文档中类似添加额外标记的效果。

1) :first-letter

:first-letter 伪元素用于为某个选择器中的文本的首字或首字母添加样式。

例如：p:first-letter {font-size:200%;color:blue;}将 p 元素内的文本的首字或首字母放大两倍并显示为蓝色。

2) :first-line

类似:first-letter，:first-line 伪元素用于向某个选择器中的文本的第 1 行添加样式。如果页面布局是自适应宽度，那么调整浏览器窗口宽度时文本会自动重排，但样式始终被应用在第 1 行。

例如：p:first-line { text-decoration:underline;}，p 元素内的文本的第 1 行文字将出现下划线。

3) :before 和:after

:before 和:after 可以在元素的前、后添加指定的文本。当元素内容是通过访问数据库进行数据查询而生成的结果时，假如查询结果只包含数字，那么可以通过使用:before 和:after 为用户提供说明的上下文信息。

例如：

```
HTML:
<p class="year">2010</p>
CSS:
p.year:before{content:"年份: ";}
p.year:after{content:"年";}
```

此时，显示的文本将是"年份：2010 年"。

9.2.3　CSS 属性值

前面介绍了 CSS 的基本语法、各种选择器、伪类和伪元素。在对 CSS 基本语法的介绍中，我们了解到一个完整的 CSS 样式规则包括选择器、属性和属性值，其中属性和属性值合成为声明。属性定义的是将要改变元素哪个方面(如颜色、高度等)的样式，而属性值则定义了样式将被改变的程度(如红色、14px 等)。

CSS 的属性值主要可以分为以下 3 种类型。

单词：如在 text-decoration:underline 中，单词 underline 就是属性值。

数字值：一般情况下，数字值后需要紧跟一个单位。如在 font-size:14px 中，数字值 14 后紧跟一个单位 px，表明 font-size 被改变为 14 像素。

颜色值：颜色值可以用十六进制、RBG 或者英文名称表示。

1. 数字值

数字值通常用于定义各种与元素宽度、高度和粗细等相关的长度。根据数字值之后的单位不同，数字值分为两种主要的类型，即绝对值和相对值。

绝对值表示的是真实确定的长度。CSS 支持的各种绝对值见表 9-1。

表 9-1　绝对值

绝对值单位	简　写	示　例
十二点活字 Pica	pc	weight:72pc;
点	pt	weight:36pt;
毫米	mm	weight:18mm;
厘米	cm	weight:9cm;
英寸	in	weight:3in;

相对值表示的是与其他度量值之间的相对关系。CSS 支持的各种相对值见表 9-2。

表 9-2　相对值

相对值单位	简　写	示　例
像素	px	weight:144px;
em	em	weight:10em;
ex	ex	weight:50ex;
百分比	%	weight:100%;

像素是相对于显示器屏幕分辨率而言的。比如，font-size:12px 改变字体大小为 12 像素，在 800×600 的显示器中比在 1024×768 的显示器中显示得大。

em 和 ex 都是与字体大小相关的度量单位。em 是相对于当前对象内文本的字体尺寸的宽度，ex 是相对于字符 x 的高度。

用百分比表示的宽度通常是相对于父级元素的宽度，比如将一个 div 的宽度设置为 100px，如果设置一个嵌套在这个 div 元素下的宽度为 50%，就是 50px。百分比也常用于设置多行文本的成比例的行间距 line-height。

2. 颜色值

颜色值可以用十六进制、RBG 或者英文名称表示。

十六进制值(#RRGGBB)是一串以"#"开头紧跟 6 个十六进制数字组成的值。这 6 个数字的前两个数字表示红色，中间两个数字表示绿色，最后两个数字表示蓝色。当表示每种颜色的两个数字相同时，可以简写成#RGB。比如，十六进制值表示的纯红色可以写成#FF0000 或者#F00，纯绿色可以写成#00FF00 或者#0F0，纯蓝色可以写成#0000FF 或者#00F。

用 RGB 表示颜色时，可以使用 0～255 之间的数字或者百分比 0%～100%。比如，纯红色可以写成 RGB(255，0，0)或者 RGB(100%，0%，0%)。

W3C 的规范中规定了 16 种颜色的英文名称作为颜色关键字，具体内容见表 9-3。

表 9-3　颜色关键字

英文名称	颜　色	十六进制值
aqua	浅绿色	#00FFFF
black	黑色	#000000
blue	蓝色	#0000FF

续表

英文名称	颜　　色	十六进制值
fuchsia	紫红色	#FF00FF
gray	灰色	#808080
green	绿色	#008000
lime	绿黄色	#00FF00
maroon	栗色	#800000
navy	藏青色	#000080
olive	橄榄色	#808000
purple	紫色	#800080
red	红色	#FF0000
silver	银色	#C0C0C0
teal	青色	#008080
white	白色	#FFFFFF
yellow	黄色	#FFFF00

9.2.4　CSS 注释

同 C 语言等编程语言一样，CSS 也支持注释。CSS 注释以"/*"开头，以"*/"结尾，包含在其中的是注释内容。CSS 注释支持单行注释和多行注释。

例：CSS 注释。

```
CSS:
/* 定义段落样式 */
p {
text-align: center; /* 文本居中排列 */
color: black; /* 文字为黑色 */
}
```

使用 CSS 注释时需要注意以下两点。

(1) CSS 注释不能嵌套。

如：/*这是一个注释中/*嵌套的注释*/。*/是不允许的。

(2) CSS 注释不能写在 CSS 选择器、属性或属性值中。

如：body{col/*注释*/or:#00F;}是不允许的。

9.3　使用 CSS 控制页面

使用 CSS 控制页面，可以将 CSS 规则写在 HTML 文档内，也可以将 CSS 规则单独写成一个样式表文件并与 HTML 文档关联。所谓样式表文件，就是一个扩展名为.css 的文本文件，在这个文本文件中是一组由若干 CSS 规则组成的列表。

在具体的 CSS 应用中，为网页添加样式主要有 4 种方式：内联、嵌入、链接和导入。其中，对网站开发最具有实际意义的是将 CSS 样式表链接到 HTML 页面。因为一个样式表可以链接到多个 HTML 页面，简化页面开发周期，并使得所有链接相同样式表的页面具有一致性。

1. 内联样式

内联样式也称为局部样式，将 CSS 声明作为 HTML 元素的 style 的属性值来为 HTML 元素添加样式。

【课堂示例 9-6】内联样式

将文档 ex9-6.html 在浏览器中打开，如图 9.6 所示。

```
HTML:
<p>这个段落的样式是浏览器的默认样式.</p>
<p style="font-size:14px;font-weight:bold;text-decoration:underline;">这个段落的样式是通过内联样式自定义的样式.</p>
```

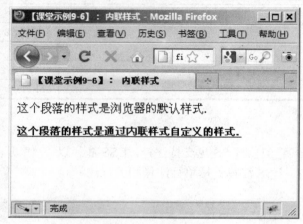

图 9.6　内联样式

内联样式的作用范围仅限于其所在 HTML 中的元素。由于内联样式并未将 HTML 页面内容与表现形式相分离，如果页面中存在大量的内联样式，会给 HTML 页面样式的移植和维护带来困难。所以，通常情况下应该尽量避免使用内联样式。

在测试页面时可以使用内联样式，但在测试完毕后一定要将内联样式中的 CSS 规则转移到样式表中，如果在 HTML 页面留下内联样式，它会覆盖样式表或者嵌入样式中编写的 CSS 样式，给 HTML 页面后期的开发和维护带来麻烦。

2. 嵌入样式

嵌入样式是一组包含在<style>元素中并嵌入在 HTML 文档头部的 CSS 规则。

例：嵌入样式。

```
<head>
<meta http-equiv="Content-Type" content="text/html; charset=utf-8" />
<title>嵌入样式</title>
<style type="text/css">
h1 {font-size: 14px;}
p {text-decoration:underline;}
span {font-weight:bold;}
</style>
</head>
```

其中，style 元素的 type 属性值 text/css 表明包含在<style>元素中的是一组 CSS 规则。

嵌入样式的作用范围是嵌入样式所在的整个 HTML 页面。同内联样式一样，嵌入样式也并未将 HTML 页面内容与表现形式相分离，是一种仅在 HTML 页面测试时使用的样式。嵌入样式会覆盖链接到 HTML 页面的样式表中的 CSS 样式。

3. 链接样式表

链接样式是将所有 CSS 规则放在一个单独的样式表中，然后通过 HTML 文档头部的元素 link 把样式表链接到页面。样式表控制页面外观，负责表现样式，HTML 文档控制结构化标记，负责表现内容，两者被单独存放在各自的文本文档中，从真正意义上实现了表现样式与结构化标记相分离。

所有链接相同 CSS 样式表的 HTML 将具有相同的表现，这样在修改多个页面样式时将变得十分简单，只需要修改一个文件，就可以改变多个页面的表现样式。

例：链接样式表。

```
<head>
<meta http-equiv="Content-Type" content="text/html; charset=utf-8" />
<title>链接样式表</title>
<link href="Default.css" rel="stylesheet" type="text/css" />
</head>
```

在 HTML 文档头部的 link 元素中，href="Default.css"指定所要链接的样式表的路径，rel="stylesheet"表示所链接的文件是一个样式脚本，type="text/css"表示这个链接的样式脚本的类型是 CSS。link 元素还可以指定 media 属性，meida 属性用于指定样式表被接受的介质或媒体。W3 Schools 网站(http://www.w3schools.com/css/css_mediatypes.asp)里有一个完整的 media 属性值列表。浏览器支持的 link 元素的 media 属性值为 all、screen 和 print。

4. 导入样式表

导入样式表与链接样式表的功能基本相同，只是在语法和运行机制方面略有不同。导入样式表的@import 命令可以写在 HTML 文档头部的<style>元素中，也可以写在 CSS 样式表的最前面。

例：在 HTML 文档头部导入样式表。

```
<head>
<meta http-equiv="Content-Type" content="text/html; charset=utf-8" />
<title>链接样式表</title>
<style type="text/css">
@import url("/css/Default.css");
</style>
</head>
```

例：在 CSS 样式表中导入样式表。

```
@import url("/css/Default.css");
```

注意，在 CSS 样式表中导入其他 CSS 样式表时，导入@import 命令必须写在 CSS 样式表的最前面，否则它们将不能正常工作。

链接样式表和导入样式表都是将独立的 CSS 样式表与 HTML 页面进行关联，但两者的工作原理有很大的不同。采用@import 命令导入的样式表，在 HTML 文档被浏览器初始化时，CSS 样式表的内容会被导入到 HTML 文件内成为 HTML 文档的一部分，类似嵌入样式的效果。而链接样式表则是在 HTML 文档的元素需要格式时才以链接的方式加载 CSS 样式表。

9.4 继　承

继承是一个比较容易理解的概念。对于某些应用了样式的元素来说，其后代元素会继承其样式的某些属性，比如颜色或者字号。body 元素是文档中所有元素的祖先，如果将 body 元素的文本颜色设置为蓝色，那么 body 元素的所有后代元素，无论该元素在文档层次中多么靠近底层，它的文本颜色也将显示为蓝色。锚元素 a 中的文本颜色需要单独指定。

所以，继承带来的效率是显而易见的，不必为每一个元素分别指定字体，可以一次性为整站设置主字体，仅对需要显示不同字体的元素单独应用 font-family。

许多 CSS 属性都能够继承，最明显的就是文本属性。不过，也有很多涉及盒模型定位和显示的属性并不会被继承，比如边框、内边距、外边距，因为继承这些属性只会给页面布局带来麻烦。

另外，当使用百分比和 em 等相对尺寸时，必须注意继承带来的麻烦。如果将一个元素的文本大小设置为 80%，将这个文本的一个后代元素的文本大小也设置为 80%，那么这个后代元素的实际文本大小就是 64%，因为它还继承了其前代元素被指定的 80%。

9.5 层叠机制

理解 CSS 强大的层叠机制有利于更好地编写 CSS，创建理想的文档外观。CSS 层叠样式表中的层叠是指 CSS 样式会从文档结构中的一个层次传递到另一个层次，并让浏览器决定在所有 CSS 样式规则中，为某个元素应用哪个 CSS 样式规则。

1. 按样式来源层叠

被浏览器应用在 HTML 文档的 CSS 样式主要有 3 个来源，分别是浏览器默认样式表、用户样式表和设计者样式表。

每种浏览器都会有一个默认样式表，如果不为 HTML 元素指定任何样式，在浏览器中呈现这些元素时都会被应用一个默认的样式，比如标题元素<h1>等是以较大的粗体显示，列表元素<ul>和<ol>会自动缩进并添加项目符号。对于安装了 Firefox 浏览器的计算机，可以在 Firefox 的安装目录中查找 html.css 文件，这就是 Firefox 浏览器的默认样式表。

用户样式表是浏览器用户为了便于自己浏览或者按照自己的习惯指定样式。对于 Windows 平台的 Internet Explorer 浏览器来说，选择菜单【工具】|【Internet 选项】命令，单击【辅助功能】按钮，就可以添加一个用户样式表。

设计者样式表是由 Web 设计者编写的样式，包括内联样式、嵌入样式、链接样式表、导入样式表。

对于上述几种样式来源，浏览器选择来源的顺序如下所示。

(1) 浏览器默认样式表。

(2) 用户样式表。

(3) 设计者导入样式表。

(4) 设计者链接样式表。

(5) 设计者嵌入样式。

(6) 设计者内联样式。

这个顺序也是 CSS 样式来源的层叠顺序，越往下其优先级越高，浏览器在打开每个 HTML 文档时，如果对某个元素定义了样式，那么在所有样式来源中，来源于优先级最高的样式将被应用到对应的 HTML 元素中。

2. 按特殊性层叠

对于 HTML 文档中的同一个元素，可能有多个 CSS 样式规则与之匹配。

例：按特殊性层叠。

```
HTML:
<body>
<p class="Subtitle">这是文章的副标题</p>
</body>
CSS:
body p{color:red;}
.Subtitle{color:blue;}
```

上面两条 CSS 样式规则都可被应用于 HTML 中的 p 元素上，这两条 CSS 样式规则中的声明规定了 p 元素内文本的不同颜色，那么到底哪个样式会被应用在 p 元素上呢？

针对这种情况，CSS 层叠机制中引入了特殊性的概念。每条 CSS 样式规则都有其特殊性，当 CSS 样式规则冲突时，选取特殊性高的 CSS 样式规则。

CSS 样式规则的特殊性可以用 4 个整数表示，如 0，0，0，0。特殊性的计算规则如下所示。

(1) CSS 规则中的每个 ID 选择器：特殊性增加 0，1，0，0。

(2) CSS 规则中每个类选择器和属性选择器以及伪类：特殊性增加 0，0，1，0。

(3) CSS 规则中的每个类型选择器或者伪元素，特殊性增加 0，0，0，1。

(4) 通用选择器：特殊性增加 0，0，0，0。

(5) 内联样式：特殊性增加 1，0，0，0。

通过上面的计算规则得到的 CSS 样式规则的特殊性，按照 4 个整数从左到右的排列顺序进行比较，数值大的特殊性高。

对于前面的例子，body p{color:red;}的特殊性是 0，0，0，2，而.Subtitle{color:blue;}的特殊性是 0，0，1，0，所以.Subtitle{color:blue;}将被应用在 p 元素上。

3. 按顺序层叠

如果两条 CSS 样式规则具有相同的样式来源和特殊性，那么将按照 CSS 样式规则的出现顺序进行层叠。

对于链接样式表来说，后一个链接的样式表总会比前一个链接样式表更优先应用。

例：链接样式表的层叠。

```
<head>
<meta http-equiv="Content-Type" content="text/html; charset=utf-8" />
```

```
<title>链接样式表的层叠</title>
<link href="a.css" rel="stylesheet" type="text/css" />
<link href="b.css" rel="stylesheet" type="text/css" />
</head>
```

b.css 中的 CSS 样式规则将比 a.css 中的 CSS 样式规则优先应用。

对于 CSS 样式规则来说，后一个定义的规则总会比前一个定义的规则更优先应用。

例：CSS 样式规则的层叠。

```
body p{color:red;}
body p{color:blue;}
```

第 2 条定义的 CSS 样式规则 body p{color:blue;}将被优先应用，使得 p 元素内的文本颜色显示为蓝色。

4. 按重要性层叠

根据 CSS2.1 规范中的描述，!important 可以使 CSS 样式规则的声明具有重要性，具有重要性的 CSS 样式规则的声明将被优先应用。

例：按重要性层叠。

```
body p{color:red !important;}
body p{color:blue;}
```

注意，!important 必须位于声明后的空格之后，且在分号之前。IE7 以前的浏览器版本不支持该属性的使用。

由于第一个 CSS 样式规则中将 p 元素内的文本颜色显示为红色标记为重要，即使在其他任何地方将 p 元素内的文本颜色定义为其他颜色，被标记为重要的样式也将优先应用。

本 章 小 结

要使用 CSS 进行网页的排版设计，必须掌握其基础语法。本章主要介绍了 CSS 的基本语法，包括 CSS 选择器规则、CSS 属性值、CSS 对页面的控制、CSS 的继承和层叠机制等。学习好 CSS 的理论基础是使用 CSS 制作网页的重要内容。

在使用 CSS 的选择器规则的时候，要注意对 HTML 结构进行分析，某些通用的元素可以使用类选择器来提高代码的使用率；而某些具有特殊用途的样式只能自己使用则要选择 ID 选择器；对基础样式，可以单独提取出来进行定义，也能大大提高代码的效率。在出现浏览器兼容性问题的时候，需要设计者充分理解 CSS 对页面的控制及其继承和层叠机制，这样在设计过程中才能有效地避免兼容性问题的发生。

习　　题

一、选择题

1. 下列哪一项是 CSS 正确的语法构成？（　　　）

    A．body:color=black   B．body {color: black;}

C．{body;color:black}　　　　　　　　D．{body:color=black(body)

2．CSS 样式规则　#title{color:blue;}表示：（　　）。

A．网页中的标题文字是红色的

B．网页中名为 title 的元素中的内容是红色的

C．网页中某个 ID 为 title 的元素中的内容是红色的

D．以上都正确

3．链接样式表的正确格式是（　　）。

A．<style src="default.css"></style>

B．<style href="default.css"></style>

C．<link rel="stylesheet" type="text/css" href=" default.css" />

D．<style>default.css</style>

4．正确地在 CSS 文件中插入注释的格式为（　　）。

A．/* 注释内容 */　　　　　　　　　　B．// 注释内容

C．// 注释内容 //　　　　　　　　　　D．– 注释内容

二、填空题

1．CSS 语法由三部分组成，即_____、_____和_____。

2．为网页添加样式的 4 种方式分别是_____、_____、_____和_____。

三、简答题

1．什么是 CSS？为什么要使用 CSS？

2．在 CSS 中有哪些选择器？简述各种选择器的特点及使用的范围。

3．CSS 的属性分为哪几类？简述各种属性的表现形式。

4．根据 CSS 定义的位置区分，可分为几类？简述其优先级。

第 **10** 章　CSS 字体、文本和图像样式

　教学目标

- 掌握 CSS 字体的属性
- 掌握 CSS 文本的控制方式
- 掌握 CSS 图像样式的设置方法

　教学要求

知识要点	能力要求
CSS 字体	掌握 CSS 字体及字体属性
CSS 文本	掌握 CSS 文本的控制方式
CSS 图像样式	掌握 CSS 的图像样式及控制方法

　重点难点

- CSS 字体
- CSS 图像样式

即便是在使用 Web2.0 的时代，Web 页面中包含最多也是文本，这些文本存在于标题、段落、列表、表单中，CSS 提供了大量的字体和文本属性用于控制文本的外观样式，以此创建更加符合专业水平和美学观念的文本样式。这一章主要介绍各种 CSS 字体和文本样式属性。

10.1　字　体　介　绍

字体是指一种具体的文字形态，每种字体都包含一组具有独特外观的字母、数字和符号。而文本是由一组具有字体属性的字符组成的字符块，比如一个句子、一段话。

10.2　CSS 字体属性

CSS 字体属性所支持的字体样式主要包含字体系列、尺寸、加粗、风格和变形。CSS 支持的字体属性见表 10-1。

表 10-1　CSS 字体属性

属　　性	描　　述	备　　注
font	简写属性，将所有字体属性设置在一个声明中	
font-family	设置字体系列	
font-size	设置字体尺寸	
font-size-adjust	强制文字使用统一尺寸	(CSS2.1 不支持)
font-stretch	对字体进行水平拉伸	(CSS2.1 不支持)
font-weight	设置字体粗细	
font-style	设置字体风格	
font-variant	以小型大写字体或者正常字体显示文本	

1.　字体系列

font-family 用于设置字体系列。在 CSS 规范中，可以使用的字体系列包括通用字体系列和特定字体系列。通用字体系列是指拥有相似外观的字体系列组合，特定字体系列是指具体的字体系列。

CSS 共定义了以下 5 种通用字体系列。

1) Serif 字体系列

Serif 字体系列的字体是一种衬线字体，有上下短线且字体成比例。这一系列的字体在每个字符笔画末端装饰了一条短线，所有字符根据其不同大小有不同的宽度，比如 i 和 m 具有不同的宽度。Serif 字体系列包括 Times、Georgia 和 New Century Schoolbook 等。

2) Sans-serif 字体系列

Sans-serif 字体系列与 Serif 字体系列类似，其字体是成比例的，但没有上下短线。Sans-serif 字体系列包括 Helvetica、Geneva、Verdana、Arial 或 Univers 等。

3) Monospace 字体系列

Monospace 字体系列的字体不是成比例的，每个字符都具有完全相同的宽度。通常用于模拟打字机打出的文本、老式点阵打印机的输出，甚至更老式的视频显示终端。如果一个字体的字符宽度完全相同，无论其是否有衬线，都归类为 Monospace 字体。Monospace 字体系列包括 Courier、Courier New 和 Andale Mono 等。

4) Cursive 字体系列

Cursive 字体系列的字体主要由曲线和 Serif 字体中没有的笔画装饰组成，是一种模仿手写体的字体。Cursive 字体系列包括 Zapf Chancery、Author 和 Comic Sans 等。

5) Fantasy 字体系列

Fantasy 字体系列的字体是一系列无法将其规划到任何一种其他的字体系列当中的字体，不具有任何特征，这样的字体包括 Western、Woodblock 和 Klingon 等。

【课堂示例 10-1】5 种 CSS 通用字体系列

将文档 ex10-1.html 在浏览器中打开，如图 10.1 所示。

```
HTML:
<p style="font-family:Serif">Serif:Pack my box with five dozen liquor jugs.</p>
<p style="font-family:Sans-serif">Sans-serif:Pack my box with five dozen
liquor jugs.</p>
<p style="font-family:Monospace">Monospace:Pack my box with five dozen liquor
jugs.</p>
<p style="font-family:Cursive">Cursive:Pack my box with five dozen liquor
jugs.</p>
<p style="font-family:Fantasy">Fantasy:Pack my box with five dozen liquor
jugs.</p>
```

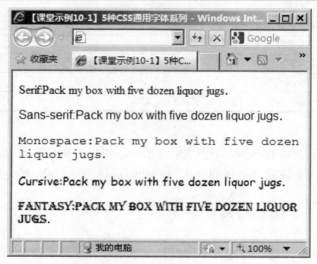

图 10.1　5 种 CSS 通用字体系列

需要注意的是，Firefox 和 Opera 并不支持通用字体系列名称的字体定义。

如果字体系列的名称中包含空格，比如 Times New Roman，或者字体系列的名称中包括#或$之类的符号，则需要将字体系列名称放置在单引号(行间样式)或双引号(除行间样式之外)中。

例如：<p style="font-family:'Times New Roman';">

　　　　p {font-family: "Times New Roman";}

使用 font-family 属性可以同时设置多个字体系列，每个字体系列之间使用逗号分隔，当浏览器加载网页时，浏览器按照从左到右的顺序依次检查用户的计算机中是否包含设置的字体系列，直到成功将字体加载到浏览器为止。

例如：p{font-family:Georgia, "Times New Roman", Times, serif;}

2. 字体尺寸

font-size 属性用于设置字体尺寸。准确地说，通过 font-size 属性设置的实际上是字体中字符框的高度，而字符框的宽度则由具体的字体系列(是否是成比例的字体)控制。

font-size 支持的属性值见表 10-2。

表 10-2　font-size 属性值

属性值	描　述	备　注
xx-small	设置为不同的尺寸，从 xx-small 到 xx-large	
x-small small medium large x-large xx-large	默认值：medium 默认大小是 16 像素(此时，16px=1em)	
smaller	设置为比父元素小的尺寸	
larger	设置为比父元素大的尺寸	
length	设置为一个具体的数字值(相对值或者绝对值)	
%	设置为基于父元素的尺寸的一个百分比值	

【课堂示例 10-2】几种 CSS 字体尺寸

将文档 ex10-2.html 在浏览器中打开，如图 10.2 所示。

```
HTML:
<p style="font-size:xx-small;">xx-small</p>
<p style="font-size:x-small;">x-small</p>
<p style="font-size:small;">small</p>
<p style="font-size:medium;">medium</p>
<p style="font-size:large;">large</p>
<p style="font-size:x-large;">x-large</p>
<p style="font-size:xx-large;">xx-large</p>
```

图 10.2　几种 CSS 字体尺寸

3．字体粗细

font-weight 属性用于设置文本的粗细，即用于设置元素的文本所用的字体显示时的粗细程度。

font-weight 支持的属性值见表 10-3。

表 10-3　font-weight 属性值

属　性　值	描　　　述	备　　注
100 200 300 400 500 600 700 800 900	设置字体的粗细程度，100～900 表示字体的 9 级粗细度，100 对应最细的字体，900 对应最粗的字体，400 等同于 normal，700 等同于 bold	
normal	默认值，设置标准的字符	
bold	设置粗体字符	
bolder	设置更粗的字符	
lighter	设置更细的字符	

对于 CSS 提供的 100～900 的粗细度以及 bolder 和 lighter 属性，目前浏览器并没有提供完整的支持。所以对于浏览器来说只有 bold 和 normal 两种值是有效的，对于默认字体为不加粗显示的元素(比如 div、p、span 等)，使用 font-weight:bold; 可以使得元素内的字体显示为粗体；对于默认字体显示为粗体的元素(比如 h1、h2、strong 等)，使用 font-weight:normal; 可以去掉元素内的字体加粗的属性。

4. 字体风格

font-style 属性用于定义字体的风格，即用于设置元素的文本所用的字体显示为斜体、倾斜或正常字体。

font-style 支持的属性值见表 10-4。

表 10-4　font-style 属性值

属性值	描　　　述	备　　注
normal	默认值，在浏览器中显示标准的字体	
italic	将字体显示为斜体	
oblique	将字体倾斜后显示	

font-style:italic; 与 font-style:oblique; 显示的最终效果相似，但两者之间有本质的区别。在计算机的字体文件中，有一部分字体的正常体和斜体是单独的两个文件，italic 表示浏览器需要调用代表斜体的字体文件，而 oblique 仅仅是将字体的正常体倾斜后再显示在浏览器中。

【课堂示例 10-3】几种 CSS 字体风格

将文档 ex10-3.html 在浏览器中打开，如图 10.3 所示。

```
HTML:
<p style="font-style:normal;">正常字体:normal</p>
<p style="font-style:italic;">字体的斜体字体:italic</p>
<p style="font-style:oblique;">字体倾斜后显示:oblique</p>
```

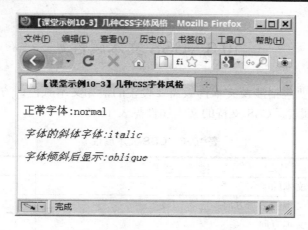

图 10.3　几种 CSS 字体风格

5. 字体变形

font-variant 属性用于将字体设置为以小型大写字母的字体显示。这个属性仅对英文字体有效。

font-variant 支持的属性值见表 10-5。

表 10-5　font-variant 属性值

属 性 值	描 　 述	备 　 注
normal	默认值，在浏览器中显示标准的字体	
small-caps	在浏览器显示小型大写字母的字体	

小型大写字母是指所有的小写字母均会被转换为大写，但是所有使用小型大写字体的字母与其余文本相比，其字体尺寸更小。

【课堂示例 10-4】CSS 字体变形(英文)

将文档 ex10-4.html 在浏览器中打开，如图 10.4 所示。

```
HTML:
<p style="font-variant:normal;">You'll learn how to make a WEBSITE.</p>
<p style="font-variant:small-caps;">You'll learn how to make a WEBSITE.</p>
```

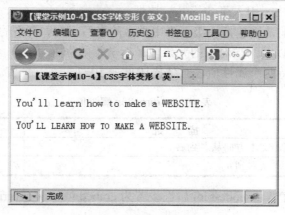

图 10.4　CSS 字体变形(英文)

10.3 CSS 文本属性

CSS 文本属性主要包括涉及文本排版需要设置的诸如文本颜色、方向、字符间距、行间距、文本对齐方式等属性。CSS 支持的文本属性见表 10-6。

表 10-6 CSS 文本属性

属　　性	描　　述	备　　注
color	设置文本的颜色	
direction	设置文本的书写方向	
unicode-bidi	设置文本方向	
letter-spacing	设置字符间距	
line-height	设置行间距	
text-align	设置文本的水平对齐方式	
text-decoration	设置添加到文本的装饰线	
text-indent	设置文本块首行的缩进	
text-shadow	设置添加到文本的阴影效果	仅限于 CSS2.0
text-transform	控制文本的大小写	
vertical-align	设置对象中文本的垂直对齐方式	
white-space	设置如何处理元素中的空白	
word-spacing	设置字间距	

1. 文本颜色

color 属性用于定义文本的颜色。除了文本颜色以外，color 属性也影响元素的所有边框，并在指定 border-color 或另外某个边框的颜色属性后失效。

color 支持的属性值可以参考第 9 章 CSS 属性值介绍中的颜色值。

2. 文本书写方向

direction 属性用于设置文本的书写方向。阅读现代中文、英文和拉丁文等文字时都是从左向右的，但对于古代汉语、希伯来语和阿拉伯语等，阅读时是从右向左的。为了方便不同区域不同文字的阅读方向，CSS 引入了 direction 属性。

direction 属性的影响范围包括块级元素中文本的书写方向、表格的列的布局方向、内容水平填充其元素框的方向以及两端对齐的元素中最后一行的位置。

direction 属性只支持两个属性值，具体描述见表 10-7。

表 10-7 direction 属性值

属 性 值	描　　述	备　　注
ltr	默认值，文本方向从左到右	
rtl	文本方向从右到左	

对于行内元素，只有当 unicode-bidi 属性设置为 embed 或 bidi-override 时才会应用 direction 属性。

3. 文本方向

unicode-bidi 属性提供另一种控制文本方向的机制。unicode-bidi 属性主要是利用 unicode 提供的双向算法控制文本方向。

unicode-bidi 属性支持 3 个属性值，具体描述见表 10-8。

表 10-8　unicode-bidi 属性值

属 性 值	描　　述	备　　注
normal	元素不会对双向算法打开附加的一层嵌套，对于行内元素，顺序的隐式重排会跨元素边界进行	
embed	如果是行内元素，这个值对双向算法会打开附加的一层嵌套	
bidi-override	对于行内元素，会创建一个覆盖，对于块级元素，将为不在另一块中的行内后代创建一个覆盖	

4. 字符间距

letter-spacing 属性用于设置字符间距，即字符间的空白。

字符通常比其字符框要窄，通过 letter-spacing 属性指定长度值时，会调整字符之间默认的间隔。letter-spacing 属性允许使用负值，使字符之间挤得更紧，甚至重叠。

letter-spacing 属性支持两种属性值，normal 和数字值，具体描述见表 10-9。

表 10-9　letter-spacing 属性值

属 性 值	描　　述	备　　注
normal	默认值，字符间距为 0，字符间没有额外的空间	
length	指定字符间距(允许使用负值)	

【课堂示例 10-5】CSS 字符间距

将文档 ex10-5.html 在浏览器中打开，如图 10.5 所示。

```
HTML:
<p class="state1">DIV+CSS 是一种先进网页的布局方法.</p>
<p class="state2">DIV+CSS 是一种先进网页的布局方法.</p>
CSS:
.state1{letter-spacing:-0.25em;}
.state2{letter-spacing:0.25em;}
```

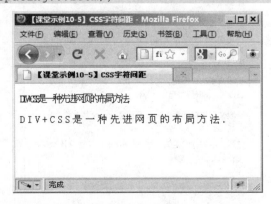

图 10.5　CSS 字符间距

5. 行间距

line-height 属性用于设置文本的行间距离(行高)。

文本的行间距离是指行与行的基线之间的最小距离，为了增强文本的可读性，行间距离通常应比文本字高些，这样行与行之间就可以保持一定距离。默认情况下，浏览器的行间距离约为字体高度的 118%，因此，无论字体大小，两行或者多行的标题、列表和块引用等都会保持相同比例的间距。

line-height 属性支持的属性值见表 10-10。

表 10-10　line-height 属性值

属 性 值	描　　　述	备　　注
normal	默认值，行间距约为字体高度的 118%	
length	指定固定的行间距(不允许使用负值)	
number	设置的数字与字体尺寸的乘积作为行间距	
%	基于当前字体尺寸的百分比行间距	

【课堂示例 10-6】CSS 行间距

将文档 ex10-6.html 在浏览器中打开，如图 10.6 所示。

```
HTML:
    <p class="state1">这段文字的行间距为 normal.是浏览器默认的行间距离.这段文字的行间距
为 normal.是浏览器默认的 line-height 属性值。</p>
    <p class="state2">这段文字的行间距为 25px,是指定的一个长度作为 line-height 属性
值.</p>
    <p class="state3">这段文字的行间距为 1.0,是指定的一个数字作为 line-height 属性
值.</p>
    <p class="state4">这段文字的行间距为 180%,是指定的一个百分比数值作为 line-height 属
性值.</p>
    CSS:
    .state1{line-height:normal;}
    .state2{line-height:25px;}
    .state3{line-height:1.0;}
    .state4{line-height:180%;}
```

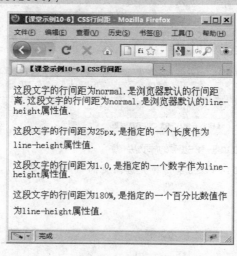

图 10.6　CSS 行间距

需要注意的是，当设置的行间距超出文本的字体尺寸时，超出的部分会被平均分配到文本行的上方和下方。假设设置的字体尺寸为 14px，行间距为 20px，那么在浏览器中显示时，每行文字的上方和下方都会加上 3px 的距离，所以每行文本之间的实际距离是 6px，而首行的上方和末行的下方只有 3px。

6. 文本水平对齐方式

text-align 属性用于设置元素中的文本的水平对齐方式。该属性通过指定行框与某个点对齐，从而设置块级元素内文本的水平对齐方式。通过允许用户代理调整行内容中字母与字之间的间隔，可以支持值 justify；不同用户代理可能会得到不同的效果。text-align 的属性值有 5 种，具体内容见表 10-11。

表 10-11　text-align 属性值

属 性 值	描　　　　述	备　　　注
left	把文本排列到左边，默认值：由浏览器决定	
right	把文本排列到右边	
center	把文本排列到中间	
justify	实现两端对齐的文本效果	

【课堂示例 10-7】CSS 水平对齐方式

将文档 ex10-7.html 在浏览器中打开，如图 10.7 所示。

```
HTML
<p class="state1">这段文字居左</p>
<p class="state2">这段文字居中</p>
<p class="state3">这段字居右</p>
CSS:
  .state1 {text-align:left;}
  .state2 {text-align:center;}
  .state3{text-align:right;}
```

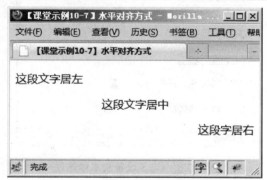

图 10.7　CSS 水平对齐方式

7. 设置文本修饰线

text-decoration 属性用于设置添加到文本的修饰。其中修饰的颜色由 color 属性进行设置。这个属性允许对文本设置某种效果，如加下划线。如果后代元素没有自己的修饰，则祖先元素上设置的修饰将会"延伸"到后代元素中。不过 IE、Chrome 和 Safari 浏览器不支持 blink。并且任何版本的 IE(包括 IE8)都不支持属性值 inherit。

text-decoration 包括的属性值见表 10-12。

表 10-12　text-decoration 属性值

属 性 值	描　　述	备　　注
none	默认值，定义标准的文本	
underline	定义文本的下划线	
overline	定义文本的上划线	
line-through	定义贯穿文本的一条线	
blink	定义闪烁文本	

【课堂示例 10-8】设置 CSS 文本修饰线

将文档 ex10-8.html 在浏览器中打开，如图 10.8 所示。

```
HTML
<p class="state1">文字有上划线</p>
<p class="state2">文字有贯穿线</p>
<p class="state3">文字有下划线</p>
<p class="state4">文字有闪烁，只有 FF 可以看</p>
<p><a class="state5">文字有下划线</a></p>
CSS:
.state1 {text-decoration: overline}
.state2 {text-decoration: line-through}
.state3{text-decoration: underline}
.state4{text-decoration:blink}
.state5{text-decoration: none}
```

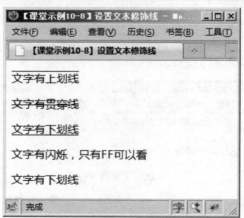

图 10.8　CSS 设置文本修饰线

8. 设置文本块首行的缩进

text-indent 属性用于规定文本中首行文本的缩进。该属性允许使用负值。如果使用负值，那么首行会被缩进到左边。注意，在 CSS2.1 之前，text-indent 总是继承计算值，而不是声明值。

text-indent 属性包括的属性值见表 10-13。

表 10-13　text-indent 属性值

属 性 值	描　　述	备　　注
length	定义固定的缩进，默认值为 0	
%	定义基于父元素宽度的百分比的缩进	

9. 设置文本的大小写

text-transform 属性用于控制文本的大小写。这个属性会改变元素中字母的大小写，而不考虑源文档中文本的大小写。所有浏览器都支持该属性，但都不支持属性值 inherit。

text-transform 属性包括的属性值见表 10-14。

表 10-14　text-transform 属性值

属 性 值	描　　述	备　　注
none	默认值，定义带有小写字母和大写字母的标准的文本	
capitalize	文本中的每个单词以大写字母开头	
uppercase	设置文本全部为大写字母	
lowercase	设置文本全部为小写字母	

【课堂示例 10-9】设置 CSS 文本的大小写

将文档 ex10-9.html 在浏览器中打开，如图 10.9 所示。

```
HTML:
<h1 class="state1">This is an apple!</h1>
<p class="state2">This is some text in a paragraph.</p>
<p class="state3">This is some text in a paragraph.</p>
<p class="state4">This is some text in a paragraph.</p>
CSS:
.state1{ text-transform:uppercase;}
.state2{ text-transform:uppercase;}
.state3{ text-transform:lowercase;}
.state4{ text-transform:capitalize;}
```

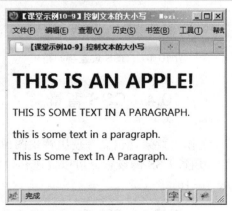

图 10.9　CSS 设置文本的大小写

10. 设置字间距

word-spacing 属性可以用来增加或减少单词间的空白，即达到设置字间距的效果。该属性定义元素中字之间插入多少空白符，这里的"字"定义为由空白符包围的一个字符串。如果指定为长度值，会调整字之间的通常间隔；所以，normal 就等于设置为 0 值。允许值为负，但会使字产生重叠。

word-spacing 属性包括的属性值见表 10-15。

表 10-15　word-spacing 属性值

属性值	描述	备注
normal	默认值，定义单词间的标准空间	
length	定义单词间的固定空间	

【课堂示例 10-10】设置 CSS 字间距

将文档 ex10-10.html 在浏览器中打开，如图 10.10 所示。

```
HTML:
<p class="state1">This is some text in a paragraph.</p>
<p class="state2">This is some text in a paragraph.</p>
CSS:
.state1 { word-spacing:30px;}
.state2 { word-spacing:-0.5m;}
```

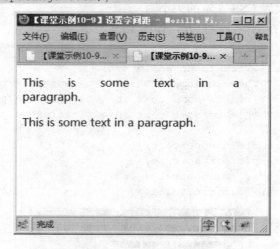

图 10.10　CSS 设置字间距

10.4　CSS 背景

CSS 背景属性允许使用纯色作为背景，也允许使用背景图像制作相当复杂的效果。比起 HTML，CSS 更具有可控制性。通过 CSS 的设置，可以快速有效地制作出漂亮的页面效果。

CSS 背景支持的属性见表 10-16。

表 10-16　CSS 背景属性

属　　性	描　　述	备　　注
background	简写属性，作用是将背景属性设置在一个声明中	
background-attachment	背景图像是否固定或随着页面的其余部分滚动	

属　　性	描　　述	备　注
background-color	设置元素的背景颜色	
background-image	把图像设置为背景	
background-position	设置背景图像的起始位置	
background-repeat	设置背景图像是否重复及以何种方式重复	

1. 固定背景图像

background-attachment 属性用于设置背景图像固定或随着页面的其余部分滚动。所有的浏览器都支持 backgound-attachment 属性。

其属性值见表 10-17。

表 10-17　CSS 固定背景图像属性

属　性　值	描　　述	备　　注
scroll	默认值，背景图像会随着页面的其余部分滚动而移动	
fixed	当页面的其余部分滚动时，背景图像不会移动	

【课堂示例 10-11】设置 CSS 字间距

将文档 ex10-11.html 在浏览器中打开，如图 10.11 所示。

```
HTML:
<p>This is some text in a paragraph.</p>
<p >This is some text in a paragraph.</p>
<p>This is some text in a paragraph.</p>
<p >This is some text in a paragraph.</p>
<p>This is some text in a paragraph.</p>
<p >This is some text in a paragraph.</p>
<p>This is some text in a paragraph.</p>
<p >This is some text in a paragraph.</p>
<p>This is some text in a paragraph.</p>
<p >This is some text in a paragraph.</p>
<p>This is some text in a paragraph.</p>
<p >This is some text in a paragraph.</p>
<p>This is some text in a paragraph.</p>
<p >This is some text in a paragraph.</p>
<p>This is some text in a paragraph.</p>
<p >This is some text in a paragraph.</p>
<p>This is some text in a paragraph.</p>
<p >This is some text in a paragraph.</p>
CSS:
body {
background-image:url(ex10_1.jpg);
background-repeat:no-repeat;
background-attachment:fixed
}
```

2. 背景颜色

background-color 属性用于设置元素的背景颜色。其属性为元素设置一种纯色背景，这种颜色会填充元素的内容、内边距和边框区域，并扩展到元素边框的外边界。如果边框有透明部分，则会透过这些透明部分显示出背景色。

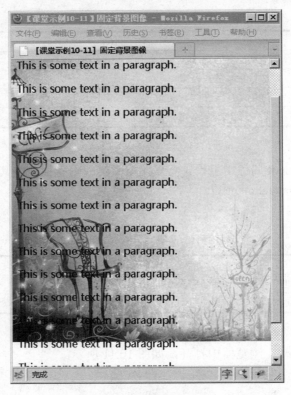

图 10.11　CSS 固定背景图像

background-color 属性包括的属性值见表 10-18。

表 10-18　CSS 背景颜色

属　　性	描　　述	备　　注
color name	指定颜色值为颜色名称的背景颜色	
hex number	规定颜色值为十六进制值的背景颜色	
rgb number	规定颜色值为 rgb 代码的背景颜色	
transparent	默认值，背景颜色为透明	

【课堂示例 10-12】CSS 背景颜色

将文档 ex10-12.html 在浏览器中打开，如图 10.12 所示。

```
HTML:
<h1>我是标题一</h1>
<h2>我是标题二</h2>
<p>我是段落</p>
<p class="state1">这个段落设置了内边距。</p>
CSS:
body {background-color: yellow}
h1 {background-color: #00ff00}
h2 {background-color: transparent}
p {background-color: rgb(250,0,255)}
p.state1 {background-color: gray; padding: 20px;}
```

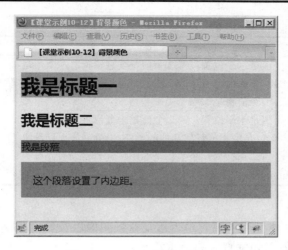

图 10.12　CSS 背景颜色

3. 背景图像

background-image 属性用于为元素设置背景图像。元素的背景占据元素的全部尺寸，包括内边距和边框，但不包括外边距。默认情况下，背景图像位于元素的左上角，并在水平和垂直方向上重复。通常情况下会设置一种可用的背景颜色，以便背景图像不可用时，页面也能获得良好的视觉效果。

background-image 属性的属性值见表 10-19。

表 10-19　CSS 背景图像

属 性 值	描　　述	备　　注
url(URL)	指向图像的路径	
none	默认值，不显示背景图像	

4. 背景图像定位

background-position 属性用于设置背景图像的位置。这个属性用于设置原背景图像的位置，背景图像如果要重复，将从这一点开始。

background-position 的属性值见表 10-20。

表 10-20　CSS 背景图像定位

属 性 值	描　　述	备　　注
top left top center top right center left center center center right bottom left bottom center bottom right	如果只有第 1 个关键字，那么第 2 个值将为 center，默认值为 0% 0%，可以使用像素为单位的值	

属　性　值	描　　　述	备　　注
x%　y%	第 1 个值是水平位置，第 2 个值是垂直位置。左上角是 0% 0%；右下角是 100% 100%；如果只设定第 1 个值，那么另一个值将是 50%	
xpos　ypos	第 1 个值是水平位置，第 2 个值是垂直位置。左上角是 0 0，单位是像素或任何其他的 CSS 单位；如果只设定第 1 个值，那么另一个值将是 50%；允许混合使用%和 position 值	

5. 背景图像重复

background-repeat 属性用于设置是否重复背景图像以及如何重复背景图像的内容。其默认值为背景图像在水平方向和垂直方向上重复。

background-repeat 属性的属性值见表 10-21。

表 10-21　CSS 背景图像重复

属　　　性	描　　　述	备　　注
repeat	默认值，背景图像将在垂直方向和水平向上重复	
repeat-x	背景图像将在水平方向上重复	
repeat-y	背景图像将在垂直方向上重复	
no-repeat	背景图像只显示一次	

6. 背景简写

background 简写属性用于在一个声明中设置所有的背景属性。可以按顺序设置下面的属性：颜色、图像、重复、固定和位置。即使不设置其中的某个值，也不会出问题。推荐使用背景的简写形式。

【课堂示例 10-13】CSS 背景简写

将文档 ex10-13.html 在浏览器中打开，如图 10.13 所示。

```
HTML:
<p>这是一些文本。</p>
<p>这是一些文本。</p>
<p>这是一些文本。</p>
<p>这是一些文本。</p>
<p>这是一些文本。</p>
<p>这是一些文本。</p>
<p>这是一些文本。</p>
<p>这是一些文本。</p>
<p>这是一些文本。</p>
<p>这是一些文本。</p>
<p>这是一些文本。</p>
<p>这是一些文本。</p>
<p>这是一些文本。</p>
<p>这是一些文本。</p>
<p>这是一些文本。</p>
<p>这是一些文本。</p>
```

```
<p>这是一些文本。</p>
<p>这是一些文本。</p>
<p>这是一些文本。</p>
<p>这是一些文本。</p>
<p>这是一些文本。</p>
<p>这是一些文本。</p>
<p>这是一些文本。</p>
<p>这是一些文本。</p>
CSS:
body{ background: #ff0000 url(ex10_2.gif) no-repeat fixed center; }
```

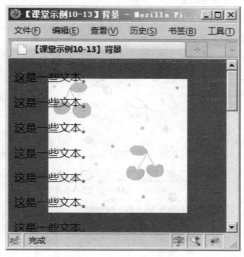

图 10.13　CSS 背景简写

10.5　CSS 列表属性

从某种意义上讲，很多内容都可以归类于某种列表，比如导航栏、内容标题、排行榜、文章列表等。通过设置 CSS 列表属性，可以指定列表的标记类型和标记在元素中的位置等。列表在实际设置中具有很高的实用性，但 CSS 中列表的样式不太丰富，需要通过一些技巧进行设置。

CSS 列表属性见表 10-22。

表 10-22　CSS 列表属性

属　　性	描　　述	备　　注
list-style	简写属性，用于把所有用于列表的属性设置在一个声明中	
list-style-image	将图像设置为列表项标志	
list-style-position	设置列表中列表项标志的位置	
list-style-type	设置列表项标志的类型	

1. 列表图像属性

list-style-image 属性使用图像来替换列表项的标记。这个属性指定作为一个有序或无序列表项标志的图像。图像相对于列表内容的旋转位置通常使用 list-style-position 属性控制。

list-style-image 属性的属性值见表 10-23。

表 10-23　列表图像属性

属 性 值	描　　述	备　　注
URL	图像的路径	
none	默认值，无图形显示	

【课堂示例 10-14】列表图像属性

将文档 ex10-14.html 在浏览器中打开，如图 10.14 所示。

```
HTML:
<ul>
<li>汽车</li>
<li>火车</li>
<li>轮船</li>
</ul>
CSS:
ul {list-style-image: url('ex10_3.gif')}
```

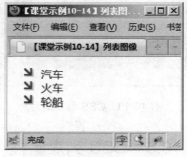

图 10.14　列表图像

2. 列表图像位置

list-style-position 属性用于设置放置列表项标记的位置。该属性用于声明列表项对于列表项内容的位置。Outside 表示会放在离列表项边框边界的一定距离之外，不过这个距离在 CSS 中没有定义。Inside 表示将列表图像位置处理得好像它们是插入在列表项内容最前面的行内元素一样。

list-style-position 属性的属性值见表 10-24。

表 10-24　列表图像位置

属　　性	描　　述	备　　注
inside	列表图像放置在文本内，且环绕文本根据图像对齐	
outside	默认值，保持图像位于文本的左侧。列表图像放在文本以外，且环绕文本不根据图像对齐	
inherit	规定应该从父元素继承 list-style-position 属性的值	

本 章 小 结

　　本章主要介绍了 CSS 的常用属性，包括 CSS 对字体的控制、CSS 对文本的控制、CSS 对背景的控制和 CSS 对列表的控制，学习好 CSS 的各种属性，是使用 CSS 制作网页的重要内容。

　　网页元素由大量的文本和图片构成，使用 CSS 可以对文本进行像素级别的控制，能制作出具有美感的文字及段落样式。通过对文字、图片和列表等各种属性的熟练运用，可以排列出千变万化的样式，可以丰富和美化所设计的页面。

习　　题

一、选择题

1．下面哪个 CSS 属性是用来更改背景颜色的？（　　）

　　A．background-color;　　　　　　　　　　B．color;

　　C．text;　　　　　　　　　　　　　　　　D．groundcolor;

2．去掉文本超级链接的下划线的代码是？（　　）

　　A．a{text-decoration:no underline}　　　B．a{underline:none}

　　C．a{decoration:no underline}　　　　　D．a{text-decoration:none}

3．下列哪个 CSS 属性能更改文本字体？（　　）

　　A．f;　　　　　　　　　　　　　　　　　B．font=

　　C．font-family;　　　　　　　　　　　　D．text-decoration:none;

4．给所有的<h1>标签添加背景颜色的代码是(　　)。

　　A．.h1{background-color:#ffffff;}　　　　B．h1{background-color:#ffffff;}

　　C．h1.all{background-color:#ffffff;}　　　D．#h1{background-color:#ffffff;}

二、简答题

1．解释以下 CSS 样式的含义。

```
.rounded {
background: url(images-notebook/left-top.gif)  top left no-repeat;
}
.select{
width:80px;
background-color:#ADD8E6;
}
```

2．写出下列要求的 CSS 样式表。

(1) 设置页面背景图像为 login_back.gif，并且背景图像垂直平铺。

(2) 使用类选择器设置按钮的样式，按钮背景图像：login_submit.gif；字体颜色：#FFFFFFF；字体大小：14px；字体粗细：bold；按钮的边界、边框和填充均为 0px。

第 **11** 章　CSS 布局元素

教学目标

● 掌握 CSS 盒子模型的组成
● 熟悉 CSS 的浮动和清除属性
● 熟悉 CSS 定位元素的属性

教学要求

知识要点	能力要求
CSS 盒子模型	掌握 CSS 基本盒子模型的组成
CSS 的浮动和清除属性	熟悉 CSS 的浮动和清除属性
CSS 的定位属性	熟悉 CSS 定位元素的原理

重点难点

● CSS 盒子模型
● CSS 定位属性

在传统的页面布局中通常会使用表格，将包含各种页面文字或者图片的元素包含在表格的单元格中展示给用户。在 HTML 标准中，表格本是用来进行类似 Excel 的数据显示的，而不是用于进行页面布局的。

在 Web 2.0 时代，随着 Div+CSS 的布局方式的出现，更加灵活、更加简便的页面布局方式正在被越来越多的设计师认同，运用 CSS 布局元素，可以更加精确地对元素进行定位，且无需添加更多的表现元素。

这一章将深入介绍运用 CSS 布局元素的各种属性。

11.1　CSS 盒子模型

理解 CSS 的盒子模型，有利于对页面中存在的元素进行定位控制。那么，到底什么是 CSS 的盒子模型呢？

在 CSS 盒子模型中，涉及的 CSS 属性是元素的 width(宽度)和 height(高度)以及 border(边框)、margin(外边距)和 padding(内边距)，一个完整的 CSS 盒子模型如图 11.1 所示。

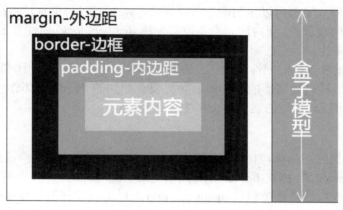

图 11.1　CSS 盒子模型

其中，元素的 width(宽度)和 height(高度)可以理解为盒子里的内容物的维度或者大小；border(边框)可以理解为盒子的边界；margin(外边距)可以理解为盒子与盒子之间的距离，它会从边框开始向外推开相邻的盒子；padding(内边距)可以理解为盒子里的内容物和盒子边界之间的距离，它会从边框开始向内推开盒子中的内容。

在页面中创建的每一个元素，都会在页面上生成一个盒子，所以，每一个页面的展示实际上就是所有页面中元素的盒子的排列结果的展示。每一个在页面中的盒子如图 11.2 所示。

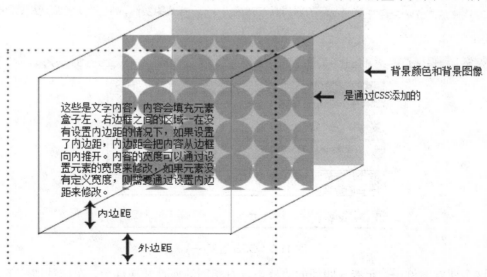

图 11.2　页面中的盒子模型

CSS 可以控制盒子模型中涉及的以下几种属性的样式。

(1) width(宽度)：设置元素的宽度。

(2) height(高度)：设置元素的高度。

(3) border(边框)：设置边框的宽度、样式和颜色。

(4) margin(外边距)：设置盒子与盒子之间的距离。

(5) padding(内边距)：设置盒子边框与盒子内容之间的距离。

1. 元素的维度——高度和宽度

在 CSS 中，任何元素都可以声明两个维度属性：width(宽度)和 height(高度)。块状元素默认支持 CSS 定义的维度属性，而内联元素在没有使用 display:block; 属性显示为块状的情况下，会忽略定义的维度属性。

元素的高度和宽度支持的属性值包括任意长度单位的数字值、百分比和 auto，所有这些支持的属性值都受其他样式规则影响，例如后面将要介绍到的 border(边框)、margin(外边距)和 padding(内边距)都可能对最终的展示结果产生连锁反应。

2. 边框

边框(border)的概念很简单，任何元素的周边都可以有边框。CSS 涉及的边框样式属性主要包括宽度(border-width)、样式(border-style)和颜色(border-color)。

border-width：支持的属性值包括 medium、thin、thick 以及任意长度单位的数字值。

border-style：支持的属性值包括 none(默认，无边框)、hidden(效果类似 none)、dotted(点状边框)、dashed(虚线边框)、solid(实线边框)、double(双线边框)、groove(3D 凹状边框)、ridge(3D 凸状边框)、inset(3D 嵌入边框)和 outset(3D 浮出边框)。

border-color：支持的属性值包括所有的颜色值。

【课堂案例 11-1】 CSS 边框(一)

将文档 ex11-1.html 在浏览器中打开，如图 11.3 所示。

HTML：

```
<p class="state1">这个段落的四周具有宽度为 1px,样式为实线,颜色为黑色的边框.</p>
```

CSS：

```
.state1{border-width:1px;border-style:solid;border-color:black;}
```

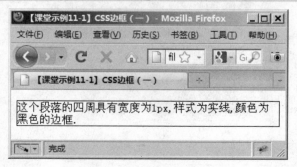

图 11.3　CSS 边框(一)

在这个课堂案例中，元素 p 四周的边框都具有相同的属性和属性值，在这种情况下，可以使用简写的 border 属性代替示例中的 CSS 属性。注意，在使用 border 属性进行简写时，border

的属性值按照"宽度、样式、颜色"的顺序进行书写且每个属性值之间以空格分隔，比如课堂案例 11-1 中的 CSS 样式可以简写为：border:1px solid black;。

　　不论是分别指定 border-width、border-style 和 border-color 的属性值，还是使用 border 简写，样式都会被同时应用到元素四周的边框上。

　　每一个元素的边框都有 4 个边，按照顺时针的顺序，分别是上边框、右边框、下边框和左边框，对应的英文分别是 top、right、bottom 和 left，如果需要单独指定边框的某一边的样式，只需要在 border 后面加上"-"，然后接上 top、right、bottom 或者 left 作为后缀即可。

【课堂案例 11-2】CSS 边框(二)

将文档 ex11-2.html 在浏览器中打开，如图 11.4 所示。

HTML：

```
<p class="state1">分别定义四条边框的样式,使得这个段落的四周具有不同样式的边框.这个段落的四周具有不同样式的边框.</p>
```

CSS：

```
.state1{
    border-top:1px solid black;
    border-right:2px dashed red;
    border-bottom:3px dotted #066;
    border-left:4px double #636;}
```

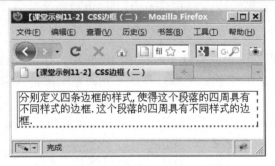

图 11.4　CSS 边框(二)

　　除了这种为元素的各条边框分别定义样式的方式，还有一种常用的方式，就是在使用 border-width、border-style 或者 border-color 属性时，按照上、右、下、左的顺序分别定义 4 条边框的样式。

【课堂案例 11-3】CSS 边框(三)

将文档 ex11-3.html 在浏览器中打开，如图 11.5 所示。

HTML：

```
<p class="state1">采用另一种简写的方式分别定义四条边框的样式,使得这个段落的四周具有不同样式的边框.这个段落的四周具有不同样式的边框.</p>
```

CSS：

```
.state1{
    border-width:1px 3px 2px 5px;
    border-style:solid dashed double dotted;
    border-color:#ABCDEF red silver rgb(250,108,255);}
```

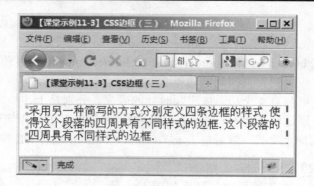

图 11.5　CSS 边框(三)

使用这种简写方式分别定义边框样式时需要注意，比如课堂案例 11-3 中的 border-width: 1px 3px 2px 5px;，4 个属性值分别对应着边框的 top、right、bottom 和 left，但如果少写属性值，也是可以接受的。比如 border-width:1px 3px 2px;，由于只有 3 个属性值，缺少了最后一个对应 left 的属性值，那么 left 将继承指定的 right 的属性值，即左侧的边框宽度为 3px。如果只有两个属性值，比如 border-width:1px 3px;，由于只有两个属性值，缺少最后两个对应 bottom 和 left 的属性值，那么 bottom 将继承指定的 top 的属性值，left 也将继承指定的 right 的属性值，即下方的边框宽度为 1px，左侧的边框宽度为 3px。

后面将介绍的 margin(外边距)和 padding(内边距)也遵循这种简写方式。

3. 内边距

内边距(padding)是指盒子边框与盒子内容之间的距离。在 CSS 盒子模型中，内边距与盒子内容都位于盒子内部(边框内部)，所以，被指定到元素上的背景(颜色或者图像)都会包括在内边距中。

padding 属性支持的属性值包括任意长度单位的数字值和百分比。与后面将要介绍的外边距(margin)属性不同，padding 不支持 auto 和负值。

类似 border-width 属性，padding 属性也支持按照上、右、下、左的方式进行简写，或者在 padding 后面加上 "-"，然后接上 top、right、bottom 或者 left 作为后缀，单独对元素的某一边设置内边距。

【课堂案例 11-4】CSS 内边距

将文档 ex11-4.html 在浏览器中打开，如图 11.6 所示。

HTML：

```
    <p class="state1">这是两段具有相同文字的段落,都指定的相同的背景色和边框,但第一个段落
指定内边距为 0,而第二个段落指定内边距为 10px.</p>
    <p class="state2">这是两段具有相同文字的段落,都指定的相同的背景色和边框,但第一个段落
指定内边距为 0,而第二个段落指定内边距为 10px.</p>
```

CSS：

```
    p{background-color:#DDDDDD;border:1px solid #000000;}
    .state1{padding:0;}
    .state2{padding:10px;}
```

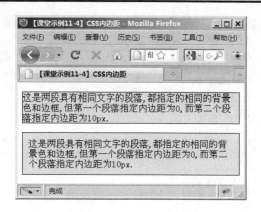

图 11.6 CSS 内边距

4. 外边距

外边距(margin)是指盒子与盒子之间的距离，其作用是使页面中的所有盒子之间能保持一定的距离，由于 margin 属性支持负值，所以，盒子与盒子之间的距离也可以为负，使得盒子之间发生重叠。

margin 属性支持的属性值包括任意长度的数字值、百分比和 auto。对于设置了宽度的元素，可以使用 margin:0 auto;使得元素相对于其父元素水平居中。

需要注意的是，大部分块状元素(段落、标题、列表等)都具有默认的外边距，比如课堂案例 11-4，在 CSS 代码中并没有设置 margin 的属性值，但在浏览器中展示时，两个段落之间仍然留有一定的空白，这就是浏览器中默认的 margin 属性值的效果。所以，在进行 CSS 设计之前，将*{margin:0;padding0;}放置在样式表的顶部，清除所有元素的默认内外边距，这样就可以在页面布局中只对有必要设置内外边距的元素设置内外边距，大大简化页面布局。

【课堂案例 11-5】CSS 外边距

将文档 ex11-5.html 在浏览器中打开，如图 11.7 所示。

HTML:

```
    <p>这是两段具有边框和背景色的段落,但第一个段落的外边距为 0,第二个段落的外边距为
10px.</p>
    <p class="state1">这是两段具有边框和背景色的段落,但第一个段落的外边距为 0,第二个段落
的外边距为 10px.</p>
```

CSS:

```
    *{margin:0;padding:0;}
    p{background-color:#DDDDDD;border:1px solid #000000;width:100px;}
    .state1{margin:10px;}
```

现在考虑下面一段代码：

```
    p{
        width:200px;
        height:50px;
        border:1px solid #000000;
        margin-top:20px;
        margin-bottom:10px;
    }
```

图 11.7　CSS 外边距

　　这段代码将每个段落的宽度设置为 200px，高度设置为 50px，每个段落都具有 1px 宽度的黑色实线边框，每个段落的上、下外边距分别为 20px 和 10px。如果同时出现多个段落，那么每两个段落之间在垂直方向上会出现多少空白？

　　最合理的假设是每两个段落之间会出现 30px(20px+10px)的空白，不过这个假设是错误的，事实上段落之间的空白只有 20px。在垂直方向上，当上下外边距相遇时，它们会进行折叠，直到一个元素的外边距接触到另一个元素为止。在这段代码中，每个位于下方的段落的上外边距都比其上方段落的下外边距较大，所以它会首先与其上方的段落接触，因此，这个上外边距就决定了两个段落之间的空白只能为 20px。

11.2　浮动和清除

　　浮动(float)和清除(clear)是使用 CSS 布局页面元素的关键属性。HTML 的常规元素流具有线性特性，即文档中的所有元素按照从上到下的顺序进行排列，其中块状元素单独占据一行，内联元素则将一行排满后进行换行。CSS 中的浮动(float)属性可以改变 HTML 的常规元素流，使得具有浮动属性的元素可以在当前行内水平移动。同时，位于浮动元素之后的元素会在空间充足的情况下向上移动到浮动元素旁。如果不需要改变浮动元素之后的元素的位置关系，则可以使用清除(clear)属性，使其恢复 HTML 的常规元素流。

　　1.　float 属性

　　float 属性主要用于实现文本环绕图像的效果，但它更多地被用于 CSS 的页面布局，作为实现多栏布局的一种基本方式。在实际应用中，只要一个元素需要在常规元素流之外考虑，那么它就可以进行浮动。

　　float 属性支持的属性值包括 left、right 和 none。属性值 left 使得元素向左浮动，right 使得元素向右浮动，none 是 float 属性的默认属性值，即元素不进行浮动。

　　【课堂案例 11-6】浮动图像
　　将文档 ex11-6.html 在浏览器中打开，如图 11.8 所示。

```
HTML:
<img src="images/gsbg.jpg"/>
<p>多粮鑫金干红葡萄酒有限公司是中国首家生产干红葡萄酒的专业型企业…</p>
CSS:
img{float:left;}
```

图 11.8　浮动图像

在这个示例中，对图片应用了向左浮动，所以文本会跟随在图片之后，从图片右侧开始排布，最终环绕在浮动的图片周围。如果对这个示例中的段落指定具体的宽度并且进行浮动，又会是怎样呢？

【课堂案例 11-7】浮动图像和段落

将文档 ex11-7.html 在浏览器中打开，如图 11.9 所示。

HTML：

```
<img src="images/gsbg.jpg" />
<p>多粮鑫金干红葡萄酒有限公司是中国首家生产干红葡萄酒的专业型企业…</p>
```

CSS：

```
img{float:left;}
p{width:180px; float:left;}
```

图 11.9　浮动图像和段落

如果同时浮动图像和指定了宽度的段落,当文本超过图片时,仍然会继续显示在文本块内,这样就不会出现文本绕排的效果了。这也是通过浮动创建多栏页面布局的基本原理。只要被浮动的元素本身具有宽度或者指定了具体的宽度,如果页面中有足够的空间,那么相应的元素就会一直排列下去。

2. clear 属性

另一个在 CSS 页面布局中经常使用的属性是 clear 属性。前面在介绍 float 属性时提到,如果页面中的空间足够,任何元素都会向上移动到浮动的元素旁边。如果不需要浮动元素之后的元素发生这种改变,就要对该元素使用 clear 属性。

clear 属性支持的属性值包括 left(元素左侧不允许出现浮动元素)、right(元素右侧不允许出现浮动元素)、both(元素两侧不允许出现浮动元素)和 none(默认属性值,元素两侧允许出现浮动元素)。

【课堂案例 11-8】CSS 清除

将文档 ex11-8.html 在浏览器中打开,如图 11.10 所示。

HTML:

```
<img src="images/gsbg.jpg" />
<p>多粮鑫金干红葡萄酒有限公司是中国首家生产干红葡萄酒的专业型企业…</p>
```

CSS:

```
img{float:left;}
p{clear:left;}
```

图 11.10　CSS 清除

11.3　CSS 定位属性

基于 CSS 布局的另一个关键属性是 position 属性。position 属性使得设计者可以将 HTML 元素精确定位。其原理是通过确定每一个元素盒子定位的参考点进行定位。

position 属性支持的属性值包括 static(静态定位)、absolute(绝对定位)、fixed(固定定位)和 relative(相对定位)。其中,static 是默认的属性值。

(1) static(静态定位)：position 属性的默认属性值。默认情况下，浏览器读取 HTML 文档时，将该文档解释成各个彼此独立的元素，并将定义的 CSS 样式应用到指定的元素上，最后将所有这些元素集中显示到浏览器中。所以，在这种情况下，所有元素的位置始终都是一个静态的位置。

(2) absolute(绝对定位)：绝对定位允许设计者指定元素的左上角、右下角或者其他的参考点与其直接父元素之间的位置关系，从而将该元素从默认的静态位置中拖出来。

(3) fixed(固定定位)：固定定位允许设计者指定元素与浏览器窗口之间的位置关系。当页面滚动时，固定定位的元素将保持其与浏览器窗口的位置静止不动。

(4) relative(相对定位)：相对定位元素是相对于其在默认情况下静态定位的位置而言的。

当使用 position 属性定位元素时，还需要设定 top、right、bottom 或者 left 属性的属性值以确定元素移动的方向和距离。

1. 静态定位

当不设定 position 属性或者设定 position 属性值为 static 时，页面中的各个元素会按照其默认的位置排列在页面中。

【课堂案例 11-9】静态定位

将文档 ex11-9.html 在浏览器中打开，如图 11.11 所示。

图 11.11　静态定位

HTML：

```
<div class="container">
<h3>公司简介|Company Profile</h3>
<img src="images/gsbg.jpg" />
<p>多粮鑫金干红葡萄酒有限公司是中国首家生产干红葡萄酒的专业型企业…</p>
</div>
```

CSS：

```
.container{
width:300px;
```

```
height:400px;
margin:10px;
padding:10px;
border:1px solid #000000;
background-color:#CFC9A5;}
img{position:static;}
```

2. 绝对定位

将元素的 position 属性值设置为 absolute 时，该元素会完全脱离常规元素流，使得其后面的元素重新获得静态位置。由于 absolute 属性值表示元素的定位是相对于其直接父元素的位置，所以尽管元素脱离了常规元素流，但其仍会与页面整体滚动。

【课堂案例 11-10】静态定位

将文档 ex11-10.html 在浏览器中打开，如图 11.12 所示。

图 11.12　绝对定位

HTML：

```
<div class="container">
<h3>公司简介|Company Profile</h3>
<img src="images/gsbg.jpg" />
<p>多粮鑫金干红葡萄酒有限公司是中国首家生产干红葡萄酒的专业型企业…</p>
</div>
```

CSS：

```
.container{
width:300px;
height:400px;
margin:10px;
padding:10px;
border:1px solid #000000;
background-color:#CFC9A5;}
img{position:absolute;left:100px;}
```

3．固定定位

将元素的 position 属性值设置为 fixed 时，该元素同样会完全脱离常规元素流。由于 fixed 属性值表示元素的定位是相对于浏览器窗口的位置，所以无论页面如何滚动，该元素都会固定在浏览器窗口中的指定位置。

一些老版本的浏览器不支持 fixed 属性值，如 Netscape 4.7 及以前的版本。

【课堂案例 11-11】固定定位

将文档 ex11-11.html 在浏览器中打开，如图 11.13 所示。

图 11.13　固定定位

HTML：

```
<div class="container">
<h3>公司简介|Company Profile</h3>
<img src="images/gsbg.jpg" />
<p>多粮鑫金干红葡萄酒有限公司是中国首家生产干红葡萄酒的专业型企业…</p>
</div>
```

CSS：

```
.container{
width:300px;
height:400px;
margin:10px;
padding:10px;
border:1px solid #000000;
background-color:#CFC9A5;}
img{position:fixed;left:100px;}
```

4．相对定位

设置元素的 position 属性值为 relative，元素仍然保持在常规元素流中，但其位置会相对于其静态位置而改变。

【课堂案例 11-12】 相对定位

将文档 ex11-12.html 在浏览器中打开，如图 11.14 所示。

图 11.14　相对定位

```
HTML:
<div class="container">
<h3>公司简介|Company Profile</h3>
<img src="images/gsbg.jpg" />
<p>多粮鑫金干红葡萄酒有限公司是中国首家生产干红葡萄酒的专业型企业...</p>
</div>
CSS:
.container{
width:300px;
height:400px;
margin:10px;
padding:10px;
border:1px solid #000000;
background-color:#CFC9A5;}
img{position:relative;left:100px;}
```

本 章 小 结

　　本章主要介绍了 CSS 用于布局元素的常用属性及其属性值的作用。若要使用 CSS 进行布局，就必须熟练掌握其布局元素。其中，CSS 盒子模型是布局元素的基础，控制页面的元素流是布局元素的主要手段，CSS 定位属性是布局元素的核心。必须将盒子模型的概念理解透彻才能运用自如，遇到某些浏览器的兼容性问题的时候，可以通过对盒子模型的理解进行兼容处理，以规避兼容问题。要理解并掌握本章内容，可以在示例代码中尽量多地进行实验。

　　使用 CSS 布局的要点就是把网页内容分块化，每一块内容用不同的元素进行排版和设计。所以，设计一个完整的网页的前提是要熟悉各种类型的布局元素，才能在需要的地方使用它。

习　　题

一、填空题

1．在 CSS 盒子模型中，涉及的 CSS 属性是元素的_____、_____以及_____、_____和 padding。

2．内联元素在没有被_____的情况下，会忽略定义的维度属性。

3．_____是指盒子内边框与盒子里的内容之间的距离；_____是指盒子与盒子之间的距离。

4．CSS 中的_____属性可以改变 HTML 的常规元素流，使得具有浮动的元素可以在当前行内进行水平移动。

5．position 属性支持的值包括_____、_____、_____、_____ 4 种。

二、设计题

1．使用布局元素，设计一个三列自适应的页面布局。

2．利用布局元素，完成图 11.15 所示页面内容。

图 11.15　习题配图

第**12**章　CSS 案例

　教学目标

- 掌握 CSS 结构化网站的方法
- 掌握网页图像及优化知识
- 掌握使用 CSS 美化页面的方法

　教学要求

知识要点	能力要求
CSS 结构化网站	(1) 掌握使用 CSS 制作网站时对网站的结构化方法 (2) 根据内容进行分块
网页图像及优化	(1) 掌握基本图像知识 (2) 掌握图像优化知识
CSS 美化页面	CSS 进行页面的美化

　重点难点

- CSS 结构化网站
- 网页图像及优化
- CSS 美化页面

　　本章将通过一个葡萄酒公司网站实例介绍静态页面制作的基本步骤：构建内容的结构；提取尺寸及图片；美化样式表；处理细节；优化样式表。

12.1　结构化网站

　　对于一个网站来说，页面中的显示内容是固定的，但是内容的表现结构却不是唯一的，不同的制作者对于相同的内容可能会采用不同的(X)HTML 标签来构建。但是在大多数情况下，对结构化的控制还是有规范可依的。

结构是以页面内容为基础的，而不是以外观表现为基础。初学者往往会执著于设计图本身的视觉效果，而造成结构的不合理、标签的多层嵌套以及装饰性图片与内容的混杂等问题。因此在结构化内容的过程中，暂时不需要考虑设计图的外观，而只是关注实际的内容是什么，不需要考虑具体的表现。

1. 分析内容结构

本章案例网站首页的效果图如图 12.1 所示。

图 12.1　本章案例效果图

虽然大部分的页面制作不是从内容策划而是从效果图开始，不过由效果图也可以总结出页面的基本内容，从而确定其结构。

由图 12.1 可见，该网页基本分为以下几个部分。

(1) 用户登录信息区。

(2) 顶部导航区。

(3) 图片轮换区。

(4) 内容及版权区。

2. 基本结构

在编写(X)HTML 文档结构的过程中，需要注意以下几点。

(1) 选择合适的 DTD 类型。

(2) 设置正确的<title>元素和页面字符编码。

(3) 为页面添加适当的说明和关键字。

(4) 用(X)HTML 标签将 1 级标题、2 级标题、3 级标题、列表、正文、引用文字等标记出来。

(5) 为了使结构清晰，需要使用一些标签把相关的内容"包含"起来。例如用<div>将页首、页中和页脚内容分开，而各栏目内容也可以用<div>"包含"起来。

(6) 给关键的标签设定 ID。

本案例<head>部分的代码如下：

```
<!DOCTYPE html PUBLIC "-//W3C//DTD XHTML 1.0 Transitional//EN" "http://www.
w3.org/TR/xhtml1/DTD/xhtml1-transitional.dtd">
<html xmlns="http://www.w3.org/1999/xhtml" xml:lang="zh-CN" lang="zh-CN">
<head>
    <meta http-equiv="Content-Type" content="text/html; charset=utf-8" />
    <meta name="description" content=" 鑫金啤酒，您的好朋友"/>
    <meta name="description" content=" 鑫金啤酒"/>
    <title>葡萄酒公司网站首页</title
    <link href="CSS/css.css" rel="stylesheet" type="text/css" />
    <script src="js/jquery-1.6.1.min.js" language="javascript" type="text/
javascript"> </script>
    <script  src="js/js.js"  language="javascript"  type="text/javascript">
</script>
</head>
```

说明和关键字不同，说明是一段叙述性的描述网站内容的文字，而关键字则是提供给搜索程序用的，因此应该是一些用英文短号分隔的关键字。要求设置的关键字真实可靠，不能包含与本站内容无关的词汇，以便于搜索引擎进行搜索。

3. 用户登录信息区的结构化

顶部区域主要是用户登录信息区，需要使用到表单。这里的表单是非常简单的类型，直接在行内书写即可。一般情况下，表单元素大部分为行内替换元素，常常使用<ul>和<li>标签，也可以使用<p>元素等来格式化。作为表格，可以在这里用到表单中，以提高表单制作的效率。

用户登录信息区的代码如下所示。

```
<!--顶部代码-->
    <div id="top">
        <div id="top_ab">
         <form name="tijiao"  action="" method="post">
            <span>用户名: </span>
            <input type="text" name="wd" class="b" />
            <span>密码: </span>
            <input type="text" name="pwd" class="c" />
```

```
            <input type="submit" value="登 录" name="aa" class="d" />
            <a href="#">注册</a>
            </form>
            </div>
        </div>
```

用户登录信息区的效果图如图 12.2 所示。

图 12.2 用户登录信息区

4. 顶部导航区的结构化

导航条一般使用无序列表<ul>来制作，这样在没有 CSS 的时候也可以清晰地显示。现在也可以直接使用链接标签<a>进行导航的制作。这里没有固定的方法，只需要设计者灵活掌握各种标签的使用方法。

顶部导航区的代码如下所示。

```
<!--导航部分-->
        <div id="naviqation">
            <div id="na"><img src="images/navtopbg.jpg" /></div>
            <div id="navbg">
                <div id="nav">
                <a href="#" class="clax"><img src="images/1.jpg" /></a>
                <a href="#"><img src="images/2.jpg" /></a>
                <a href="#"><img src="images/3.jpg" /></a>
                <a href="#"><img src="images/4.jpg" /></a>
                <a href="#"><img src="images/5.jpg" /></a>
                <a href="#"><img src="images/6.jpg" /></a>
                <a href="#"><img src="images/7.jpg" /></a>
                <a href="#"><img src="images/8.jpg" /></a>
                <a href="#"><img src="images/9.jpg" /></a>
                </div>
            </div>
        </div>
```

顶部导航区的效果图如图 12.3 所示。

图 12.3 顶部导航区

5. 图片轮换区的结构化

图片轮换区即焦点新闻或焦点图片区，会随着时间的变化而轮换显示准备好的图片，或者根据浏览者的鼠标的滑动，选择显示的图片。这个区域比较简单，但需要使用 JavaScript 完成相应的功能。在顶部区域中，已经调用了两个写好的 js 文件，可以查看相关的源文件。

图片轮换区的代码如下所示。

```
<!--图片轮换-->
    <div id="photo">
        <img style="display:block;" src="images/p.jpg" />
        <img src="images/p1.jpg" />
        <img src="images/p2.jpg" />
        <div id="photoList">
            <span class="x1"></span>
            <span class="x2"></span>
            <span class="x3"></span>
        </div>
    </div>
```

图片轮换区的效果图如图 12.4 所示。

图 12.4　图片轮换区

6.　内容及版权区的结构化

一般情况下，内容区域和版权区域是分开编写的，由于本案例结构比较简单，所以将内容区及版权区放在了一起。由图 12.1 可以发现，网站的中间部分由两列版式构成。

内容及版权区的代码如下所示。

```
<!--内容及版权部分-->
<div id="main">
    <div id="maintop">
        <!--公司简介-->
        <div id="maintop_left">
            <p><a href="#"><img src="images/gsbg.jpg" /></a></p>
            <p class="yy">鑫金干红葡萄酒有限公司是中国首家生产干红葡萄酒的专业型企业,现
隶属于世界企业 500 强之一的多粮集团有限公司。20 年来,鑫金公司坚持以高品质为基础,严格按照"国际
葡萄酿酒法规"生产,鑫金公司通过自我积累、学习借鉴,已成为我国科技先导型企业的典范。总资产由 100
万元增长到 3.76 亿元,年产量由 1000 吨增长到 5000 吨。
            </p>
            <a href="#" class="x">更多</a>
        </div>
        <div id="maintop_right">
            <!--新闻资讯-->
            <div id="maintop_rightt">
                <p class="y">
                <img src="images/xsj.jpg" />
                <a href="#">海内外优质葡萄酒入选"中国百大葡萄酒......2011/1/18</a>
                </p>
                ......
```

```
          </div>
          <!--产品展示-->
          <div id="maintop_rightb">
           <p>
             <a href="#"><img src="images/pingz.jpg" /></a>
             <a href="#"><img src="images/pingz.jpg" /></a>
             <a href="#" class="xy"><img src="images/pingz.jpg" /></a>
             <a href="#"><img src="images/pingz.jpg" /></a>
           </p>
          </div>
          </div>
      </div>
      <!--版权-->
      <div id="mainbottom">
       <p>
             <a href="#">关于鑫金</a>
             <a href="#">About XinJin</a>
             <a href="#">服务条款</a>
             <a href="#">广告服务</a href="#">
             <a href="#">商务洽谈</a>
             <a href="#">人才招聘</a>
             <a href="#">鑫金公益</a>
             <a href="#">客服中心</a>
             <a href="#">网站导航</a>
             <a href="#">版权所有</a>
       </p>
       <p class="xx">Copyright © 1998 - 2011 Tencent. All Rights
Reserved</p>
      </div>
```

内容及版权区的效果图如图 12.5 所示。

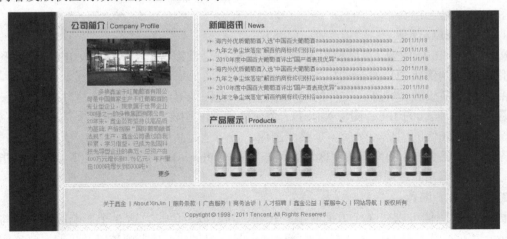

图 12.5 内容及版权区

12.2 网页图像及优化

除前面章节所介绍的(X)HTML、CSS 等知识外，网页制作往往还涉及很多其他方面的基础知识，其中同制作关系最密切的就是图像知识。

1. 网页图像

图像是页面中最常见的元素之一。图像可以插入 HTML 代码中，也可以使用 CSS 设置成元素的背景图像，而根据图像的格式不同，其适用的地方也不太相同。除去内容图像，装饰图像应该通过设定元素的背景来实现。目前，浏览器支持的图像类型包括以下 3 种。

1) JPEG 图像

JPEG(Joint Photographic Experts Group)是联合图像专家组制定的压缩标准产生的压缩格式，可以用不同的压缩比例对文件压缩。这是到目前为止比较好的图像压缩技术，属于有损压缩。JPEG 格式支持真彩色，大部分的照片和颜色丰富的图像都使用这种格式。

2) GIF 图像

GIF(Graphics Interchange Format)为图形交换格式，其存储格式由 1 位到 8 位，是一种专门用于网络传输的文件格式，许多平台都支持这种格式。GIF 格式支持 24 位彩色，能支持动态和静态两种图像，并且能支持透明通道。

3) PNG 图像

PNG(Portable Network Graphic)结合了 GIF 和 JPEG 的优点，具有高保真性、透明性及文件体积较小等特性，被广泛应用于网页设计、平面设计中。网络通信因受带宽制约，在保证图像清晰、逼真的前提下，网页中不可能大范围地使用文件较大的 BMP、JPG 格式文件，GIF 格式文件虽然文件较小，但其颜色失色严重，所以 PNG 格式自诞生之日起就大行其道。

2. 图像优化

网页图形设计的最终目标是创建能够尽可能快地下载的优美图像。为此，必须在最大限度地保持图像品质的同时，选择压缩质量最高的文件格式。这种平衡行为称为优化，即寻找颜色、压缩和品质的适当组合。

1) 优化 JPEG 图像

处理一个 JPEG 图像，可以使用 JPEG Medium 进行设置，适合于大多数 JPEG 图像利用微调优化选项达到优化的目的。

品质：品质设置得越低，文件的尺寸就越小，但图像显示得就越模糊与破碎。

连续：一个连续的 JPEG 图像类似于一个交错的 GIF 图像。图像在网页上是逐渐被下载的，先是一个品质较低的图像，然后才是整个图像，最后是高品质的图像。

杂边：如果 JPEG 图像有透明区域，用户可以在 Photoshop 软件的相关下拉菜单里指定一个杂边颜色来填充此透明区域。

2) 优化 GIF 图像

优化 GIF 图像可以从 3 个方面着手：尺寸、帧数以及色彩。这 3 个影响因素都是与图像大小成正比的，要想减小图像的容量，就得缩小图像的尺寸，减少帧数以及色彩；要想增大图像的容量，则反之。

3) 优化 PNG 图像

优化 PNG-24 图像与优化 JPEG 图像非常相似。同样地，优化 PNG-8 图像与优化 GIF 图像非常相似。

12.3　CSS 美化页面

结构化完成后，就可以进行 CSS 美化了。在编写 CSS 之前，要先对效果图进行细节上的分析，这样可以对如何实现"表现层"有一个比较清晰的思路，同时还要将美化过程需要的元素的尺寸、背景图片、前景颜色值、链接样式等都提取出来。在效果图上没有表现出来的细节，也需要考虑周全。

1. 整体定义

在 CSS 的开头部分，应该首先利用通配选择器清除掉浏览器的默认边距和补白，然后为 `<body>` 部分设置 font 属性、前景色和背景色。这里直接对要使用的元素进行了清除默认值。整体部分的代码如下所示。

```css
/*对整体的定义*/
body{
    margin:0px;
    padding:0px;
    list-style:none;
    font-size:12px;
    font-family:Arial,Verdana,Lucida,Helvetica,simsun,sans-serif;
    border:none;
    background-color:#832E3F;
    }
div{
    margin:0px;
    padding:0px;}
p{
    margin:0px;
    padding:0px;
    }
a{
    text-decoration:none;
    }
```

2. 背景定义

背景部分的代码如下所示。

```css
/*页面背景的设置*/
#page{
    width:1024px;
    height:950px;
    background:url(../images/bg.jpg) top center no-repeat;
    margin:0 auto;
    }
```

3. 顶部登录注册定义

顶部登录注册部分的代码如下所示。

```css
/*顶部登录注册的设置*/
#top{
```

```
        text-align:right;
        width:816px;
        height:28px;
        color:#FFF;
        margin:0 auto;
        margin-bottom:0px;
        }
    #top_ab{
        color:#FFF;
        height:22px;}
    #top_ab input{
        width:119px;
        height:22px;
        border:none;}
    #top_ab .b{
        background:url(../images/user.jpg) no-repeat;}
    #top_ab .c{
        background:url(../images/pwd.jpg) no-repeat;}
    #top_ab .d{
        color:#FFF;
        line-height:22px;
        width:52px;
        height:22px;
        background:url(../images/kuang.jpg) left top no-repeat;}
    #top_ab a{
        color:#FFF;}
```

4. 导航部分定义

导航部分的代码如下所示。

```
    /*导航部分的代码*/
    #naviqation{
        width:1022px;
        height:162px;
        margin:0 auto;
        }
    #na{
        width:817px;
        height:112px;
        }
    #na img{
        width:817px;
        height:112px;
        }
    #navbg{
        width:1022px;
        height:50px;
        background:url(../images/nav.jpg) center center no-repeat;
        }
    #nav{
        margin-left:240px;
        padding-top:19px;
```

```
      }
#nav a{
    margin-right:17px;
    width:57px;
    height:16px;
    }
#nav a img{
    width:57px;
    height:16px;
    border:none;
    padding:0px;
    margin-left:0px;
    margin-top:0px;
    }
#nav .clax{
    width:56px;
    }
```

5.　图片轮换定义

图片轮换部分的代码如下所示。

```
/*图片轮换*/
#photo{
    width:1022px;
    height:292px;
    margin:0 auto;
    position:relative;}

#photo img
{
    width:1022px;
    height::292px;
    position:absolute;
    top:0px;
    left:0px;
    display:none;
}
#photoList
{
    width:100px;
    height:20px;
    position:absolute;
    top:260px;
    left:100px;
}
#photoList span
{
    display:block;
    width:13px;
    height:13px;
    float:left;
    margin-right:10px;
```

```
      cursor:pointer;
   }
#photoList .x1{
   background:#c81515;}
#photoList .x2{
   background:#1424fb;}
#photoList .x3{
   background:#000;}
```

6. 内容部分定义

内容部分的代码如下所示。

```
/*内容部分*/
#main{
   width:813px;
   height:461px;
   margin-top:1px;
   margin-left:105px;}
#maintop{
   width:813px;
   height:369px;
   }

/*公司简介部分的代码*/
#maintop_left{
   float:left;
   width:287px;
   height:369px;
   background:url(../images/jj.jpg) left top no-repeat;}
#maintop_left p{
   margin-top:57px;
   margin-left:58px;
   margin-bottom:5px;
   }
#maintop_left a img{
   border:none;
   width:174px;
   height:100px;}
#maintop_left .yy{
   font-family:"宋体";
   line-height:16px;
   margin-top:0px;
   width:174px;
   margin-left:58px;
   margin-bottom:0px;
   color:#87846f;}
#maintop_left .x{
   margin-left:206px;
   text-decoration:none;
   color:#9d2701;
   font-family:"宋体";
   }
```

```
#maintop_right{
    float:left;
    width:526px;
    height:369px;}
```

7. 新闻资讯部分定义

新闻资讯部分的代码如下所示。

```
/*新闻资讯部分的代码*/
#maintop_rightt{
    width:526px;
    height:211px;
    background:url(../images/news.jpg) left top no-repeat;}
#maintop_rightt p{
    margin-left:23px;
    width:479px;
    height:20px;
    line-height:20px;
    }
#maintop_rightt .y{
    padding-top:53px;
    }
#maintop_rightt p img{
    width:14px;
    height:7px;
    }
#maintop_rightt p a{
    color:#696757;}
```

8. 产品展示部分定义

产品展示部分的代码如下所示。

```
/*产品展示部分的代码*/
#maintop_rightb{
    width:526px;
    height:158px;
    background:url(../images/product.jpg) left top no-repeat;}
#maintop_rightb p{
    padding-top:53px;
    margin-left:36px;}
#maintop_rightb p a{
    margin-right:22px;
    }
#maintop_rightb p .xy{
    margin-left:20px;}
#maintop_rightb p a img{
    width:90px;
    height:89px;
    border:none;}
```

9. 版权部分定义

版权部分的代码如下所示。

```
/*版权部分的代码*/
#mainbottom{
   width:813px;
   height:92px;
   background:url(../images/banquan.jpg) left top no-repeat;}
#mainbottom p{
   width:810px;
   height:12px;
   text-align:center;
   padding-top:32px;
   margin-left:3px;
   color:#626051;}
#mainbottom p a{
   color:#626051;
   }
#mainbottom .xx{
   padding-top:13px;
   }
```

本 章 小 结

采用 DIV+CSS 的网页制作方法具有代码优化、几乎没有冗余、便于搜索优化等特点，已然成为现在的主流设计方式。对于一个已经设计好的网页效果图来说，使用 CSS 结构化网站前，应该首先对效果图进行分析。按照一定的规则对图片进行区域划分，并进行合理地命名。然后根据板块从上到下、从左往右依次进行设计。当然，在设计过程中还应该考虑一个普遍存在的问题：兼容性。不同品牌的浏览器和同一品牌浏览器的不同版本之间，对 CSS 的支持并不一致，这就导致所设计的网页在不同的浏览器或版本中的显示结果不一样。W3C 标准的出现就是为了消除这些不同，不过各大浏览器厂商还要经过一段长期的改进才能达到最终的一致，所以浏览器的兼容性必将是一个长期存在的问题，设计者是不能无视它的。

在设计过程中，结构要以内容为基础，而不是以表现为基础，虽然有时候为了满足表现需要而添加一些额外的标签，但尽可能少用或不用。网页的结构化和美化不是一次性完成的，中间可能要反复修改。可能一开始制定的结构有不合理的地方，给后期制作造成困难，那么就需要修改结构。有些很难实现的设计效果，也可以换成简单些的效果，毕竟内容才是访问者最关心的。总之，只有多做多练，才能积累经验、少走弯路。

习 题

一、代码练习

要求：

(1) 根据图 12.6 所示图片内容，写出适合的(X)HTML 结构代码。

(2) 根据图 12.6 所示图片内容，写出适合的 CSS 代码。

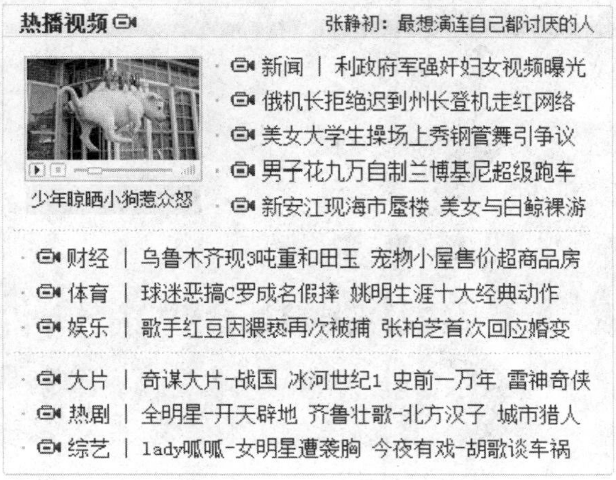

图 12.6　习题配图

二、简答题

1．为什么不能单独大量使用 Div 标签？使用具有语义的标签有什么好处？
2．网页上可用的图像格式有哪 3 种？分别有什么特点？
3．如何优化网页图像？

第13章 JavaScript 基础

教学目标

- 理解 JavaScript 语言的特点
- 掌握在页面中添加 JavaScript 代码的方法
- 掌握 JavaScript 基本语法

教学要求

知识要点	能力要求
JavaScript 语言的特点	理解 JavaScript 语言的特点
在页面中添加 JavaScript 代码	(1) 掌握在页面中添加 JavaScript 代码的方法 (2) 能在页面中添加所需的 JavaScript 代码
JavaScript 基本语法	(1) 掌握 JavaScript 的基本语法 (2) 运用 JavaScript 处理页面事件

重点难点

- JavaScript 基本语法

　　本章将围绕如何在日志页面中添加 JavaScript 代码，以实现对页面中输入的评论内容进行简单的验证，并实时显示评论内容的字符数和限制输入的评论内容长度，介绍 JavaScript 的基础知识。

13.1　JavaScript 语言的特点

　　JavaScript 是一种基于对象的脚本语言，主要用来处理网页中的各种事件。当在 HTML 中嵌入 JavaScript 代码时，JavaScript 将 HTML 中的各种元素看作对象，用户在浏览网页时，JavaScript 允许用户在页面上进行操作，并对操作做出反应，以实现用户与网页之间的交互。

【课堂案例 13-1】在 rizhi.htm 页面中添加 JavaScript 代码(一)

1) 案例要求

在 rizhi.htm 页面中添加 JavaScript 代码，对输入的评论内容进行简单验证。

2) 操作步骤

(1) 在 Dreamweaver 中，打开课堂案例 1-4 所完成的日志页面，并找到在课堂案例 1-4 中步骤(3)所添加的表单代码，如下所示。

```
23    <form action="" method="post">
24        <h4>发表评论</h4>
25        <input type="text" name="title" size="20"/>标题( * )<br/>
26        正文( * )<br/>
27        <textarea name="content" cols="45" rows="5"></textarea><br/>
28        <input type="submit" name="submit" value="提交">
29    </form>
```

(2) 为表单中的各元素添加 ID 属性，如下代码所示。

```
23    <form action="" method="post" id="pinglun">
24        <h4>发表评论</h4>
25        <input type="text" name="title" size="20" id="title"/>标题( * )<br/>
26        正文( * )<br/>
27        <textarea name="content" cols="45" rows="5" id="content"></textarea><br/>
28        <input type="submit" name="submit" value="提交" id="submit">
29    </form>
```

提示

① id 属性主要用于标识元素，在 JavaScript 中可以通过该 ID 属性获取该元素。
② 各元素的 id 值应该不相同。

(3) 在<head>与</head>之间，加入如下所示 JavaScript 代码。

```
2    <head>
3        <meta http-equiv="Content-Type" content="text/html; charset=utf-8" />
4        <title>我的日志</title>
5        <script type="text/javascript">
6            function doSubmit(){
7            var title=document.getElementById("title").value;
8            var content=document.getElementById("content").value;
9            if(title==""){alert("标题不能为空");}
10           if(content==""){alert("评论内容不能为空");}
11           else{alert("输入了标题和评论内容");}
12           }
13       </script>
14   </head>
```

提示

① 代码中第 5~13 行是加入的 JavaScript 代码。
② 在页面中嵌入 JavaScript 代码，是通过<script>标签实现的。
③ 第 6 行代码的作用是定义一个函数。
④ 第 7 行和第 8 行代码是分别获取页面中输入的标题和评论内容的值。

⑤ 第 9～11 行代码是判断页面中输入的标题和评论内容的情况，并给出不同的提示。

(4) 在表单中的【提交】按钮上添加"单击"事件，代码如下所示。

```
<input type="submit" name="submit" value="提交" id="submit" onClick="doSubmit()">
```

📁 提示

① 页面元素同 JavaScript 代码是通过事件进行绑定的。

② 当单击【提交】按钮时，调用 JavaScript 代码中定义的 doSubmit 函数。

(5) 保存页面，并在浏览器中预览，如图 13.1 所示。

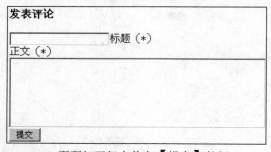

(a) 页面打开但未单击【提交】按钮

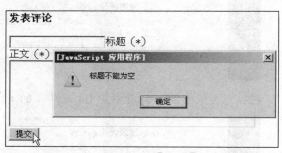

(b) 直接单击【提交】按钮

(c) 输入用户名后单击【提交】按钮

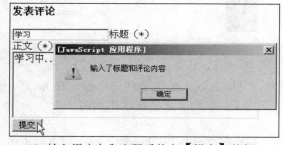

(d) 输入用户名和密码后单击【提交】按钮

图 13.1　JavaScript 对用户输入数据的简单检查

📁 提示

① 带有 JavaScript 代码的页面的浏览无需特殊的环境，直接在浏览器中运行即可。

② JavaScript 代码无需预先编译，浏览器在打开页面时，直接对其进行"翻译"。

③ 当【提交】按钮的"单击"事件发生时，才会执行 JavaScript 程序。

13.2　在页面中添加 JavaScript 代码

在 HTML 页面中加入 JavaScript 代码，一般可以使用<script></script>标记。可以将 JavaScript 代码写在 HTML 页面内，如课堂案例 13-1 所示；也可以将 JavaScript 代码写在 HTML 文件外部的一个单独文件中，然后在 HTML 中调用该 JavaScript 文件。

【课堂案例 13-2】在日志页面中添加 JavaScript 代码(二)

1) 案例要求

在日志页面中添加 JavaScript 代码，对输入的评论内容进行简单验证。

2) 操作步骤

(1) 在 Dreamweaver 中，打开课堂案例 13-1 所完成的日志页面。

(2) 将第 6～12 行代码(即<script>与</script>之间的代码)剪切。

(3) 新建 JavaScript 文件，如图 13.2 所示。

图 13.2　新建 JavaScript 文件

(4) 在新建的 JavaScript 文件中，执行粘贴操作。JavaScript 文件中的代码如下所示。

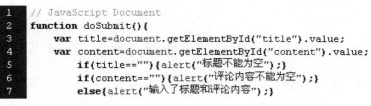

```
1    // JavaScript Document
2    function doSubmit(){
3        var title=document.getElementById("title").value;
4        var content=document.getElementById("content").value;
5        if(title==""){alert("标题不能为空");}
6        if(content==""){alert("评论内容不能为空");}
7        else{alert("输入了标题和评论内容");}
```

(5) 将日志页面另存为 rizhi-1.htm，将 JavaScript 文件保存在与 rizhi-1.htm 同一目录下，文件名为 check.js，如图 13.3 所示。

图 13.3　页面文件同 JavaScript 文件在同一目录下

(6) 在 rizhi-1.htm 的第 5 行代码的<script>标签上添加 src 属性，如下所示。

```
5        <script type="text/javascript" src="check.js"></script>
```

提示

① 在<script>标签上添加 src 属性可以将外部的 JavaScript 文件调用到该页面。

② 使用外部 JavaScript 可以将 HTML 与 JavaScript 分离开，使得页面结构更加清晰，且同一个 JavaScript 文件可以被不同的页面调用。

(7) 保存文件，并在浏览器中预览，将得到与课堂案例 13-1 同样的结果。

13.3 JavaScript 基本语法

要正确书写 JavaScript 代码，就必须遵循 JavaScript 的语法规则。本节将围绕在日志页面中实现实时显示评论内容的字符数和限制评论内容长度，介绍 JavaScript 的基本语法。

【课堂案例 13-3】在日志页面中添加 JavaScript 代码(三)

1) 案例要求

修改日志页面内容，为加入 JavaScript 代码做准备

2) 操作步骤

(1) 在 Dreamweaver 中，打开在课堂案例 13-2 中所完成的 rizhi-1.htm 文件，并另存为 rizhi-2.htm。

(2) 在 rizhi-2.htm 文件中，将表单部分做如下修改。

```
24    <form action="" method="post" id="pinglun">
25        <h4>发表评论</h4>
26        <input type="text" name="title" size="20" id="title"/>标题(*)<br/>
27        正文(*)    你已经输入了<span id="count"></span>个字符<br/>
28        <textarea name="content" cols="45" rows="5" id="content"></textarea><br/>
29        <input type="submit" name="submit" value="提交" id="submit" onClick="doSubmit()">
30    </form>
```

📁 提示

在代码的第 27 行中，增加了用于显示评论内容字符数的<span>标签，并设置 ID 为 count。

(3) 在 rizhi-2.htm 文件中，将<script>标签做如下修改。

```
5        <script type="text/javascript" src="check1.js"></script>
```

(4) 在 Dreamweaver 中，打开在课堂案例 13-2 中所完成的 check.js，并另存为 check1.js。

1. 数据类型

JavaScript 主要包括 3 种数据类型：简单数据类型、特殊数据类型和复杂数据类型。

简单数据类型分为数值数据类型(如：202、027、0x00ff)、字符串数据类型(如：I am a student)和布尔数据类型(true 或 false)。

特殊数据类型分为空数据类型和无定义数据类型。关键字 null 表示空值，常被看作对象类型的一个特殊值，代表对象为空或变量没有引用任何对象。关键字 undefined 表示一个未定义的变量，或者已经声明但还未赋值的变量，又或者一个并不存在的对象属性。

复杂数据类型包括数组、函数和对象。

2. 变量与常量

变量就是在计算机内存中暂时保存数据的地方，在程序的其他地方可以通过变量名来对变量中所保存的数据进行处理。JavaScript 是一种"弱类型"的语言，变量可以存放任何类型的值。

常量是指不能改变的数据，通常是等号右边的值。

【课堂案例 13-4】在日志页面中添加 JavaScript 代码(四)

1) 案例要求

定义实现显示评论内容字符数所需的变量。

2) 操作步骤

(1) 在 Dreamweaver 中，打开 check1.js。

```
1   // JavaScript Document
2   function doSubmit(){
3       var title=document.getElementById("title").value;
4       var content=document.getElementById("content").value;
5       if(title==""){alert("标题不能为空");}
6       if(content==""){alert("评论内容不能为空");}
7       else{alert("输入了标题和评论内容");}
8
9   }
```

(2) 定义变量，代码如下所示。

```
10      var str="";//定义用于保存评论内容的字符串变量
11      var length=0;//定义用于保存评论内容长度的数值变量
12      var count;//定义用于获取页面中显示字符数的元素的变量
```

📁 提示

① 定义变量使用关键字 var，如第 12 行代码所示。

② 可以在定义变量的同时，给该变量赋值。如第 10 行和第 11 行代码所示。

③ 变量名必须以字母或下划线开头，不能使用 JavaScript 的保留关键字做变量名，同时变量名应该是有意义的。

④ 在代码中，"//"后面的内容为注释。

(3) 保存文件。

3) 表达式与运算符

表达式是程序运行时进行计算的式子，可以包含常量、变量及运算符。

运算符是进行运算的一种符号或 JavaScript 关键字，分为算术运算符、逻辑运算符、位运算符及特殊运算符等。

算术运算符见表 13-1。

表 13-1　算术运算符

运　算　符	意　　义	示　　例
+	数字相加	4+3　结果为 7
+	字串合并	"hello" + "world"　结果为"helloworld"
-	相减	10-2 结果为 8
-	负数	i=20;　j=-i　结果 j 为 -20
*	相乘	10*5　结果为 50
/	相除	12/2　结果为 6
%	取模(余数)	5%3　结果为 2
++	递增 1	i=7;　i++;　结果 i 为 8
--	递减 1	i=7;　i--;　结果 i 为 6

逻辑运算符见表 13-2。

表 13-2　逻辑运算符

运　算　符	意　　义	示　　例
==	等于	6==4　结果为 false
!=	不等于	6!=4　结果为 true
<	小于	6<4　结果为 false
<=	小于或等于	6<=4　结果为 false
>	大于	6>4　结果为 true
>=	大于或等于	6>=4　结果为 true
&&	与	true && false　结果为 false
||	或	true | false　结果为 true
!	非	!true　结果为 false

位运算符见表 13-3。

表 13-3　位运算符

运　算　符	意　　义	示　　例
&	位逻辑与	0x0001 & 0x1001　结果为 0x0001
|	位逻辑或	0x0001 | 0x1001　结果为 0x1001
^	位逻辑非	0x0001 ^ 0x1001　结果为 false 0x1000
~	位逻辑反	~0x0001　结果为 0xFFFE
<<	左移	0x0001 << 1　结果为 0x0002
>>	右移	0x0001 >> 1　结果为 0x0000

特殊运算符见表 13-4。

表 13-4　特殊运算符

运　算　符	意　　义	示　　例
?:	if-else 运算符	x=2; (x>3)？"Higher level" : "Lower level"　结果为"Lower level"
delete	删除对象或对象中的元素	delete myObj.x;　删除对象 myObj 的属性 x
new	创建对象实例	var myArray=new Array();　创建数组对象实例
this	引用当前对象	this.month=month;　对当前对象属性赋值
typeof	数据类型运算符	typeof(20)　结果为 number
void	无返回值运算符	<a href="javascript:void(document.body.style.background='#f00')">改变网页背景颜色</a>；单击文字改变网页背景颜色，如果没有 void 取消返回值，将得到改变文字内容的结果

另外，将运算符和等号组合可以得到操作后赋值运算符，如下面代码所示：

```
x+=7;//等效于x=x+7;
y*=3;//等效于y=y*3;
```

4) 基本语句

程序是由语句组成的，JavaScript 中的语句包括注释语句、赋值语句和流程控制语句 3 种类型。

1) 注释语句

注释语句主要用于对程序进行注解，程序运行时不会执行注释语句中的内容。写程序时应该养成写注释的习惯，以便理解和维护程序。

注释语句分为单行注释和多行注释。单行注释以"//"开始，一直到这一行的结束。多行注释以"/*"开始，一直到"*/"结束。

2) 赋值语句

赋值语句主要用来对变量进行赋值，是最常用的语句之一。

【课堂案例 13-5】在日志页面中添加 JavaScript 代码(五)

1) 案例要求

对变量赋值。

2) 操作步骤

(1) 在 Dreamweaver 中，打开 check1.js。

(2) 对已定义变量赋值，代码如下所示。

```
13    str=document.getElementById("content").value;
14    length=str.length;
15    count=document.getElementById("count");
```

📁 提示

　　① 赋值语句的基本格式是"变量名=表达式;"，作用是将等号右边的值赋给等号左边的变量，以实现数据的存储。

　　② 第 13 行代码用来获取在页面中输入的评论内容的值，并赋值给变量 str，此时 str 中存储的是一个字符串。

　　③ 第 14 行代码中的 str.length 用来获取字符串的长度(即评论内容的字符数)，并赋值给变量 length。

　　④ 第 15 行代码用来获取页面中 ID 为 count 的元素(即用于显示字符数的标签)，并赋值给变量 count。

(3) 保存文件。

3) 流程控制语句

流程控制语句可以改变程序默认的执行顺序，包括条件判断语句和循环控制语句。

条件判断语句主要包括 if 语句和 switch 语句。

【课堂案例 13-6】在日志页面中添加 JavaScript 代码(六)

1) 案例要求

对输入的评论内容的长度进行判断。

2) 操作步骤

(1) 在 Dreamweaver 中，打开 check1.js。

(2) 对输入的评论内容的长度进行判断，如果字符个数小于等于 100，则直接显示出字符

数，如果字符个数大于 100，则给出字符数大于 100 的提示，并不允许再输入内容，代码如下
所示。

```
16    if(length<=100){
17        count.innerHTML=length;
18        }
19    else{
20        count.innerHTML="大于100";
21        document.getElementById("content").value=str.substr(0,100);
22        }
```

📁 提示

① if 语句的基本语法规则是：

    if(条件表达式){条件为真时所执行的程序段}

f 语句常与 else 语句配合使用，语法规则是：

    if(条件表达式){ 条件为真时所执行的程序段}
    else{条件为假时所执行的程序段}

② 当字符长度小于或等于 100 时执行第 17 行代码，否则(即字符长度大于 100)执行第 20
行和第 21 行代码。

③ innerHTML 可以得到指定元素中的 HTML 语句内容，还可以重新设置元素中的内容。
第 17 行代码将页面中用于显示字符数的标签内容设置为 length 的值。第 20 行代码将页面中用
于显示字符数的标签内容设置为字符串 "大于 100"。

④ 第 21 行代码将页面中用于输入评论的标签内容设置为所输入字符串的前 100 个字符。
字符串的 substr 方法的作用是获取子串。

(3) 保存文件。

switch 语句用于将一个表达式与一组数据进行比较，当表达式与所列数据值相等时，执行
其中的程序段，其格式如下所示。

```
1    switch(表达式){
2        case 数据1:
3            语句块1;  //表达式与数据1相等时，执行语句块1
4            break;    //执行完语句块1后，跳出switch语句
5        case 数据2:
6            语句块2;  //表达式与数据2相等时，执行语句块2
7            break;    //执行完语句块2后，跳出switch语句
8        ...
9        default:
10           语句块n;  //当表达式与前面所列数据值都不等时，执行语句块n
11       }
```

例如，要根据分数判断出成绩等级，可以使用如下代码。

```
1    //下面程序中的分数使用10分制，且分数取整数
2    switch(score){
3        case 10:alert("满分");
4                break;
5        case 9:
```

```
6         case 8:alert("良好");  //当分数等于9或8时，都会执行此语句
7              break;
8         case 7:
9         case 6:alert("及格");  //当分数等于7或6时，都会执行此语句
10             break;
11        default:alert("不及格");
12    }
```

需要注意的是，在每一个语句块执行完后，都应该用一个 break 语句跳出整个 switch 语句。

循环控制语句主要用于对某一操作重复执行的控制，包括 while、do while、for 及 for…in 等。

while 语句的格式如下所示。

```
1    while(条件表达式){
2         循环体  //当条件表达式为真时，执行循环体内语句，否则跳出循环
3             }
4
```

while 语句的使用格式如下所示。

例如：假设有一张面积足够大，厚度为 1cm 的布，将其对折多少次后可以达到珠穆朗玛峰的高度？求解这一问题的主要 JavaScript 代码如下所示。

```
1    var n=0;  //保存对折次数的变量，初始状态为没有对折
2    var h=1;  //保存对折后高度的变量，初始高度为1厘米
3    while(h<884800){  //当对折后高度小于8848米（884800厘米）时，继续对折
4         n=n+1;  //对折次数增加1次
5         h=h+h;  //高度变为新对折前的两倍
6             }
7    alert("需要对折"+n+"次");  //输出求得的对折次数信息
```

do while 语句的格式如下所示。

```
1    do{
2         循环体  //先执行一次循环体
3    }while(条件表达式)  //当条件表达式为真时，循环执行循环体内语句
4
```

do while 语句与 while 语句十分相似，唯一的区别在于，前者先执行一次循环体语句，然后判断条件，当条件为真时继续执行循环体语句。

for 语句的格式如下所示。

```
1    for(初始值表达式;条件表达式;增量表达式){
2         循环体  //当条件表达式为真时，循环执行循环体内的语句
3             }
```

例如：求 1+2+3+…+100 的和，主要 JavaScript 代码如下所示。

```
1    var sum=0;  //用变量sum保存每次相加后的和，初始状态值为0
2    for(var i=1;i<=100;i++){  //i取值为1到100，每次循环后增加1
3         sum=sum+i;  //在原来和的基础上加上新的值，得到新的和
4             }
5    alert("1至100的和为："+sum);  //输出结果为5050
```

需要注意的是，在使用 for 语句进行循环控制时，一定要有使得条件表达式为假的条件，以退出循环，否则会形成死循环。

for…in 语句的格式如下所示。

```
1   for(变量 in 对象或数组){
2       循环体 //当对象中的属性或数组中的元素没有循环完成时，执行循环体语句
3       }
```

for…in 语句主要用于遍历对象属性和数组元素。

例如：输出指定数组中的各元素值，主要 JavaScript 代码如下所示。

```
1   var a=new Array(1,2,3,4,5); //定义并初始化数组。
2   var i; //用于遍历数组的变量，保存数组的键值
3   for(i in a){ //遍历数组
4       document.write(a[i]+"<br/>"); //输出数组元素值
5       }
```

5. 函数

函数实际上是一段有名字的程序，在整个程序的任何位置，使用该名字就可以调用由该名字命名的程序。

函数定义的基本语法规则如下。

```
function 函数名([参数1，参数2，…]){
    程序语句1；
    程序语句2；
    …
    [return  值；]
}
```

【**课堂案例 13-7**】在日志页面中添加 JavaScript 代码(七)

1) 案例要求

将课堂案例 13-4 至课堂案例 13-6 所完成的代码定义为函数。

2) 操作步骤

(1) 在 Dreamweaver 中，打开 check1.js。

```
9
10      var str=""; //定义用于保存评论内容的字符串变量
11      var length=0; //定义用于保存评论内容长度的数值变量
12      var count; //定义用于获取页面中显示字符数的元素变量
13      str=document.getElementById("content").value;
14      length=str.length;
15      count=document.getElementById("count");
16      if(length<=100){
17          count.innerHTML=length;
18          }
19      else{
20          count.innerHTML="大于100";
21          document.getElementById("content").value=str.substr(0,100);
22          }
23
```

(2) 定义函数 countChars，代码如下所示。

```
9   function countChars(){
10      var str=""; //定义用于保存评论内容的字符串变量
11      var length=0; //定义用于保存评论内容长度的数值变量
12      var count; //定义用于获取页面中显示字符数的元素变量
13      str=document.getElementById("content").value;
14      length=str.length;
```

```
15    count=document.getElementById("count");
16    if(length<=100){
17        count.innerHTML=length;
18        }
19    else{
20        count.innerHTML="大于100";
21        document.getElementById("content").value=str.substr(0,100);
22        }
23    }
```

📁提示

第 10~22 行代码为函数的函数体，应在 "{" 与 "}" 之间。

(3) 保存文件。

6. 对象

对象是一种复合数据类型，用于储存和传递一组不同类型的数据，这些数据称为对象的属性。对象中还包括对数据进行处理的函数，称为对象的方法。

对象包括对象属性(数据)和对象方法(处理数据的函数)。定义对象的格式如下。

```
1    //[]中为可选内容
2    function 对象名([参数1,参数2,...]){
3        this.属性名1[=初始值]; //定义对象属性1
4        this.属性名2[=初始值];//定义对象属性2
5        ...
6        //定义对象方法1
7        this.方法名1=function 方法函数名1([参数a,参数b,...]){
8            ...
9            }
10       //定义对象方法2
11       this.方法名2=function 方法函数名2([参数Ⅰ,参数Ⅱ,...]){
12           ...
13           }函数
14       ...
```

其中，对象也可以调用外部已经定义好的函数，如下所示。

```
1    //[]中为可选内容
2    function 对象名([参数1,参数2,...]){
3        this.属性名1[=初始值]; //定义对象属性1
4        this.属性名2[=初始值];//定义对象属性2
5
6        this.方法名1=function 方法函数名1;//定义对象方法1,调用外部函数
7        this.方法名2=function 方法函数名2;//定义对象方法2,调用外部函数
8
9        }
10   //将函数定义在外部
11   function 方法函数名1([参数a,参数b,...]){
12           ...
13           }
14   function 方法函数名2([参数Ⅰ,参数Ⅱ,...]){
15       ...
16           }
```

要使用对象，首先要创建对象实例(使用 new 运算符)，然后通过圆点(.)运算符调用对象的属性和方法。

例如：创建学生对象，包括学生姓名、性别、年龄和年级信息，以及按照指定格式输出这

些信息的方法，并输出"姓名：张强；性别：男；年龄：19；年级：1"的学生信息。代码如下所示。

```
1    //定义学生对象
2    function student(name,sex,age,grade){
3        //定义对象属性
4        this.name=name;//this指当前对象
5        this.sex=sex;
6        this.age=age;
7        this.grade=grade;
8        this.message=function getInfo(){//定义对象方法
9            //返回指定格式值
10           return (this.name+'-'+this.sex+'-'+this.age+'-'+this.grade);
11       }
12   }
13   var zq=new student('张强','男','19','1');//创建对象实例
14   //输出对象实例各属性
15   document.write("姓名："+zq.name+"<br/>"+
                    "性别："+zq.sex+"<br/>"+
                    "年龄："+zq.age+"<br/>"+
                    "年级："+zq.grade+"<br/>");
16   document.write("<br/>");
17   //按照指定格式输出对象实例信息
18   document.write(zq.message());
```

运行结果如图 13.4 所示。

```
姓名：张强
性别：男
年龄：19
年级：1

张强-男-19-1
```

图 13.4 对象使用实例

7. 事件及事件处理

事件是指网页在被载入到被关闭期间，用户在网页对象上的各种操作以及浏览器的动作。当事件被触发时，浏览器调用 JavaScript 程序，对事件进行处理并作出响应，这个过程称为事件处理。

网页中的事件包括简单的鼠标和键盘事件，还包括一些浏览器事件和其他事件。

网页中常用的鼠标事件见表 13-5。

表 13-5 常用鼠标事件

事　　件	事件含义
onmousemove	移动鼠标
onmouseover	鼠标移动到对象上
onmousedown	按下鼠标
onmouseup	松开鼠标
onmouseout	鼠标离开对象
onclick	单击
ondblclick	双击

网页中常用的键盘事件见表 13-6。

表 13-6 常用键盘事件

事 件	事件含义
onkeydown	按下键盘上的某一键
onkeyup	松开键盘上的某一键
onkeypress	按下然后松开键盘上的某一键

网页中常用的其他事件见表 13-7。

表 13-7 常用其他事件

事 件	事件含义
onload	网页被载入
onunload	网页被关闭
onerror	出错
onsubmit	提交窗体
onreset	重置窗体
onfocus	获得焦点
onblur	失去焦点
onchange	文字变化或列表选项变化
onselect	文本框中选择了文字

【**课堂案例 13-8**】在日志页面中添加 JavaScript 代码(七)

1) 案例要求

将课堂案例 13-4 至课堂案例 13-6 所完成的代码定义为函数。

2) 操作步骤

(1) 在 Dreamweaver 中，打开 rizhi-2.htm，并在表单的<textarea>标签上添加事件处理，代码如下所示。

```
24  <form action="" method="post" id="pinglun">
25      <h4>发表评论</h4>
26      <input type="text" name="title" size="20" id="title" />标题（*）<br/>
27      正文（*）    你已经输入了<span id="count"></span>个字符<br/>
28      <textarea name="content" cols="45" rows="5" id="content" onKeyUp="countChars()"></textarea><br/>
29      <input type="submit" name="submit" value="提交" id="submit" onClick="doSubmit()">
30  </form>
```

提示

① JavaScript 代码和 HTML 标签是通过事件进行绑定的。

② 在第 28 行代码中，<textarea>标签上添加了事件处理 onKeyUp="countChars()"，表示在<textarea>标签上松开键盘中的某个键时，将调用 JavaScript 中的 countChars 函数。

(2) 保存网页文件,并在浏览器中预览,如图 13.5 所示。

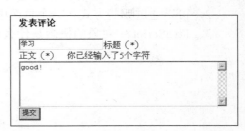

图 13.5 显示输入的字符数

本章主要介绍了 JavaScript 的基础知识，主要包括 JavaScript 语言特点、在页面中添加 JavaScript 代码以及 JavaScript 的基本语法知识。

本 章 小 结

JavaScript 是一种基于对象的脚本语言，主要用来处理网页中的各种事件，在页面中可以使用<script></script>标记加入 JavaScript 代码。书写 JavaScript 代码时，须遵循 JavaScript 的基本语法，JavaScript 的基本语法包括数据类型、变量与常量、表达式与运算符、基本语句、函数、对象及事件与事件处理等。学好本章知识是学习好 JavaScript 的基础。

习 题

一、选择题

1. 对于 JavaScript 语言的特点，下列描述错误的是( )。
   A．JavaScript 是基于对象的
   B．JavaScript 在执行时，需要预先编译，然后在浏览器中运行
   C．JavaScript 主要运行在客户端
   D．JavaScript 用于客户端，主要对页面中的各种事件进行处理

2. 下列关于对象的描述，错误的是( )。
   A．对象只能包括一些基本数据，称为对象的属性
   B．对象既能包括一组复合数据，称为对象的属性，还可以包括对这些数据进行处理的函数，称为对象的方法
   C．使用对象可以对数据进行很好的封装
   D．要使用对象，应先创建对象实例

3. 下列语句中，用于控制循环的语句是( )。
   A．if 语句 B．switch 语句 C．if-else 语句 D．for 语句

二、填空题

1. 定义变量使用的关键字是_____。
2. 定义函数使用的关键字是_____。
3. 在 JavaScript 中写的代码是通过_____绑定到页面的 HTML 标签上的。

三、简答题

1. JavaScript 的主要作用是什么？
2. 可以通过哪些方式在一个页面中添加 JavaScript 代码？这些方式有什么区别？
3. JavaScript 中对象的概念是什么？如何定义和使用对象？

第14章　JavaScript 常用内置对象

 教学目标

● 掌握 JavaScript 常用内置对象的使用方法

 **教学要求**

知识要点	能力要求
数组对象	掌握数组对象的使用方法
字符串对象	掌握字符串对象的使用方法
数学对象	掌握数学对象的使用方法
日期对象	掌握日期对象的使用方法

 重点难点

● 数组对象的使用
● 字符串对象的使用

本章将围绕制作个人博客网站中相册模块的风景页面，介绍 JavaScript 常用内置对象的基本使用方法。

14.1　日　期　对　象

JavaScript 中的日期对象主要用于处理日期和时间。新建日期对象的基本格式如下所示。

```
var 变量名=new Date();
```

例如：

```
var myDate=new Date();
```

日期对象的常用方法见表 14-1。

表 14-1　日期对象的常用方法

方　　法	意　　义
getFullYear()	返回值为整数，表示日期对象中的年
getMonth()	返回整数，表示日期对象中的月份数，值为 1～12，0 表示一月，1 表示二月……12 表示十二月
getDate()	返回整数，表示日期对象中当月的第几天，值为 1～31
getHours()	返回整数，表示日期对象中的小时数，值为 0～23
getMinutes()	返回整数，表示日期对象中的分钟数，值为 0～59
getSeconds()	返回整数，表示日期对象中的秒数，值为 0～59
getMilliseconds()	返回整数，表示日期对象中的毫秒数，值为 0～999
getDay()	返回整数，表示日期对象中的星期数，值为 1～7，0 表示星期日，1 表示星期一，……

【课堂案例 14-1】制作个人博客网站相册模块中的风景页面(一)

1) 案例要求

制作风景页面的内容结构和显示样式部分。

2) 操作步骤

(1) 在 Dreamweaver 中，写出相册子页面的 HTML 代码，如下所示。

```
1  <!DOCTYPE html PUBLIC "-//W3C//DTD XHTML 1.0 Transitional//EN"
   "http://www.w3.org/TR/xhtml1/DTD/xhtml1-transitional.dtd">
2  <html xmlns="http://www.w3.org/1999/xhtml">
3  <head>
4  <meta http-equiv="Content-Type" content="text/html; charset=utf-8" />
5  <title>相册-风景</title>
6  <link rel="stylesheet" type="text/css" href="css.css"/>
7  <script type="text/javascript" src="scenery.js"></script>>
8  </head>
9  <body>
10 <div id="container">
11  <div id="header">
12     <div id="banner"></div>
13     <div id="date"></div>
14  </div>
15  <div id="content">
16    <div id="title"><img src="images/title.gif"/>
17    </div>
18    <div id="photo"><img src="images/01.jpg" id="photo_big"/></div>
19    <div id="photo_small">
20        <img src="images/01_small.jpg"/>
21        <img src="images/02_small.jpg"/>
22        <img src="images/03_small.jpg"/>
23        <img src="images/04_small.jpg"/>
24    </div>
25  </div>
26  <div id="footer"><img src="images/ceng/footer.jpg"/></div>
27 </div>
28 </body>
29 </html>
```

提示

① 整个页面分为头部、内容和版权 3 个部分。头部 ID 为 date 的 div(第 13 行代码)用来实

时显示当前时间。内容部分主要是图片，以大图(第 18 行代码)和缩略图(第 19～24 行代码)的形式展示。

② 第 7 行代码用来调用外部的 JavaScript 文件，此文件将在后面的课堂案例中逐步完成。

(2) 为风景页面写 CSS 代码，如下所示，并保存为 css.css。

```
1   @charset "utf-8";
2   /* CSS Document */
3   body{margin:0; padding:0; background:#000;}
4   #container{width:960px; margin:0 auto;}
5   #header{position:relative;}
6   #banner{width:960px; height:119px; background:url(images/header.jpg) no-repeat;}
7   #date{position:absolute;left:800px; top:80px;height:30px;color:#fff;}
8   #title{height:42px;}
9   #photo{border:1px #fff solid; width:800px; height:400px;margin:5px auto;}
10  #photo_small{width:690px; height:80px; margin:0 auto;}
11  #photo_small img{border:none;}
12  #footer{width:960px; height:84px;margin-top:5px;}
```

(3) 保存网页文件为 scenery.htm，并在浏览器中预览，效果如图 14.1 所示。

图 14.1　未添加 JavaScript 的风景页面

14.2　数　组　对　象

数组是一系列数据的集合，也是一种 JavaScript 对象，因此它具有属性和方法。
新建数组对象的基本格式如下所示。

```
var 变量名=new Array();
```

例如：

```
var myArray=new Array();
```

数组对象的常用属性和方法见表 14-2。

表 14-2　数组对象的常用属性和方法

属性或方法	意　义
length	数组长度
concat(数组 2，数组 3，…)	合并数组
join(分隔符)	将数组转换为字符串，数组中的元素用分隔符连接，如果没有指定分隔符，默认用逗号连接
sort(比较函数)	排序数组，如果没有指定比较函数，则按默认顺序排序

【**课堂案例 14-2**】制作个人博客网站相册模块中的风景页面(二)

1) 案例要求

在风景页面的头部实现实时显示当前时间功能。

2) 操作步骤

(1) 在 Dreamweaver 中，新建 JavaScript 文件，并保存为 scenery.js。

(2) 定义格式化函数，其主要功能是将日期中返回的小时数、分钟数和秒数统一用两位数字显示，代码如下所示。

```
1   function formatTwoDigits(s){
2       if(s<10) return "0"+s;
3       else return s;
4       }
```

📂 提示

当日期中返回的数字为一位数时，在数字前面加零。

(3) 定义日期函数，获取日期中的小时、分钟和秒数以及星期，代码如下所示。

```
5   function date(){
6       var myDate=new Date();
7       var hour=myDate.getHours();
8       var minutes=myDate.getMinutes();
9       var seconds=myDate.getSeconds();
10      var day=myDate.getDay();
11      }
```

(4) 在日期函数中，将获取到的日期返回给 HTML 页面，代码如下所示。

```
5   function date(){
6       var myDate=new Date();
7       var hour=myDate.getHours();
8       var minutes=myDate.getMinutes();
9       var seconds=myDate.getSeconds();
10      var day=myDate.getDay();
11      var week=new Array("日","一","二","三","四","五","六");
12      var str=formatTwoDigits(hour)+":"+formatTwoDigits(minutes)+":"+formatTwoDigits(seconds)+"  星期"+week[day];
13      document.getElementById("date").innerHTML=str;
14      }
```

提示

① 第 11 行代码使用数组保存星期的中文文字。由于日期对象返回的星期数是 0~6 的整数，所以不能直接显示在页面上。

② 第 12 行代码定义在页面中要显示的字符串，"+" 表示字符串之间的连接。

③ 第 13 行代码给页面中 ID 为 date 的元素内容赋值。

(5) 实现时间的实时显示，代码如下所示。

```
5    function date(){
6        var myDate=new Date();
7        var hour=myDate.getHours();
8        var minutes=myDate.getMinutes();
9        var seconds=myDate.getSeconds();
10       var day=myDate.getDay();
11       var week=new Array("日","一","二","三","四","五","六");
12       var str=formatTwoDigits(hour)+":"+formatTwoDigits(minutes)+":"+formatTwoDigits(
seconds)+"  星期"+week[day];
13       document.getElementById("date").innerHTML=str;
14       t=setInterval('date()',1000);
15   }
```

提示

第 14 行代码中的 setInterval(毫秒)函数表示每隔指定毫秒时间调用一下函数。此行代码实现了每隔 1s 调用一下 date()函数，即实现了时间的动态显示。

(6) 将 date()函数绑定到页面的 body 元素上，代码如下所示。

```
9    <body onload="date();" >
```

(7) 保存文件，并在浏览器中预览，效果如图 14.2 所示。

图 14.2　实时显示当前时间

14.3　字符串对象

字符串对象是 JavaScript 中最常用的内置对象，定义字符串对象的基本格式如下所示。

```
var 变量名=new String();
```

也可以直接对变量赋值一个字符串。

例如：var myString=new String("I am a student");和 var myString="I am a student"是一样的。

字符串对象常用的属性和方法见表 14-3。

表 14-3　字符串对象常用属性和方法

属性或方法	意　义
length	返回字符串长度
charAt(位置)	返回在字符串中指定位置处的字符
indexOf(要查找的字符串)	返回要查找的字符串在字符串对象中的位置
lastIndexOf(要查找的字符串)	返回要查找的字符串在字符串对象中的最后位置
subStr(开始位置，[长度])	返回字符串对象中从开始位置起，指定长度的字符串；如果没有指定长度，则返回从开始位置起，到结束的字符串
subString(开始位置，结束位置)	返回字符串对象中从开始到结束位置(不包括结束位置)的字符串
split([分隔符])	分隔字符串到数组中
replace(需替代的字符串，新字符串)	替换字符串

【课堂案例 14-3】制作个人博客网站相册模块中的风景页面(三)

1) 案例要求

在风景页面中实现单击缩略图时，大图部分显示当前图片。

2) 操作步骤

(1) 在 Dreamweaver 中，打开 scenery.js。

(2) 定义显示缩略图对应的大图的函数，代码如下所示。

```
16   function showImg(num){
17       var myPhoto=document.getElementById("photo_big");
18       var srcStr="images/0"+num+".jpg";
19       myPhoto.src=srcStr;
20       }
```

提示

第 18 行代码根据调用函数时传递的参数设定不同的图片路径。如 num 为 1，则 srcStr 为 images/01.jpg。

(3) 将 showImg()函数绑定到页面的缩略图上，代码如下所示。

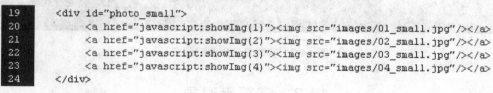

```
19       <div id="photo_small">
20           <a href="javascript:showImg(1)"><img src="images/01_small.jpg"/></a>
21           <a href="javascript:showImg(2)"><img src="images/02_small.jpg"/></a>
22           <a href="javascript:showImg(3)"><img src="images/03_small.jpg"/></a>
23           <a href="javascript:showImg(4)"><img src="images/04_small.jpg"/></a>
24       </div>
```

提示

将<a>标签的 href 属性赋值为一个 JavaScript，当单击链接时，就会执行 JavaScript 代码。

(4) 保存文件，并在浏览器中预览。

14.4　数 学 对 象

数学对象提供了大量的数学常数和数学函数，使用时可以直接使用 Math 对象。

例如：

```
var area=Math.PI*Math.pow(r,2);
```

数学对象的常用属性和方法见表 14-4。

表 14-4　数学对象的常用属性和方法

属性或方法	意　　义
E	欧拉常量，自然对数的底
LN10	10 的自然对数
PI	π
SQRT2	2 的平方根
abs(x)	返回 x 的绝对值
ceil(x)	返回大于或等于 x 的最小整数
floor(x)	返回小于或等于 x 的最大整数
round(x)	返回 x 四舍五入后的整数
random()	返回 0~1 之间的随机数
max(x,y)	返回 x 与 y 之间的较大的数
min(x,y)	返回 x 与 y 之间的较小的数
pow(x,y)	返回 x 的 y 次方

【课堂案例 14-4】制作个人博客网站相册模块中的风景页面(四)

1) 案例要求

在风景页面中实现页面打开后，每隔 2s 随机显示图片。

2) 操作步骤

(1) 在 Dreamweaver 中，打开 scenery.js。

(2) 定义随机显示图片的函数，代码如下所示。

```
21  function showImgRandom(){
22      var myPhoto=document.getElementById("photo_big");
23      var num=Math.round(Math.random()*3+1);
24      var srcStr="images/0"+num+".jpg";
25      myPhoto.src=srcStr;
26      t=setInterval(showImgRandom,2000);
27  }
```

📁提示

在第 23 行代码中，Math.random()*3+1 返回 1~4 之间的随机数，num 为 1~4 之间的随机整数。

(3) 将 showImgRandom()函数绑定到页面的 body 标签，代码如下所示。

```
9  <body onload="date();showImgRandom()" >
```

(4) 保存文件，并在浏览器中预览。

本 章 小 结

本章主要介绍了 JavaScript 的内置对象的使用方法，主要包括日期对象、数组对象、字符串对象和数学对象。

JavaScript 中的日期对象主要用于对日期和时间进行处理；数组是一系列数据的集合；字符串对象是 JavaScript 中最常用的内置对象，提供了对字符串处理的基本方法；数学对象提供了大量的数学常数和数学函数。要学好 JavaScript，应该掌握内置对象的使用方法。

习　　题

一、选择题

1．计算一个数组的长度的语句是(　　　)。
    A．myArray.len()　　　　　　　　　　B．myArray.length()
    C．myArray.len　　　　　　　　　　　D．myArray.length

2．下面能得到结果为 5 的是(　　　)。
    A．Math.ceil(5.3)　　　　　　　　　　B．Math.round(4.3)
    C．Math.floor(5.3)　　　　　　　　　　D．Math.random(5)

3．关于日期对象的描述，正确的是(　　　)。
    A．日期对象中只包括年、月、日信息
    B．日期对象中只包括小时、分钟和秒数信息
    C．可以通过日期对象获取星期数
    D．使用日期对象前不需要新建日期对象实例

二、填空题

1．如果 myDate.getMonth 的值为 1，则当前为＿＿＿＿＿＿月。

2．有如下定义：

```
var myArray=new Array(a,b,c,d);
```

则 myArray.join("-")的结果是＿＿＿＿＿＿＿。

第 **15** 章 　 JavaScript 常用文档对象

　教学目标

- 掌握 JavaScript 常用文档对象的使用方法

　教学要求

知识要点	能力要求
文档对象结构	掌握文档对象节点数
文档对象	(1) 掌握获取文档对象的方法 (2) 掌握常用文档对象的使用方法

　重点难点

- 获取文档对象的方法
- 常用文档对象的使用

　　本章将围绕制作个人博客网站中的注册页面，介绍 JavaScript 常用文档对象的基本使用方法。

15.1　文档对象结构

　　文档对象(document)包含了网页显示的各个元素对象，是浏览器窗口对象(window)的一个主要部分，如图 15.1 所示。

【课堂案例 15-1】制作注册页面(一)

1) 案例要求

制作注册页面的内容结构和显示样式部分。

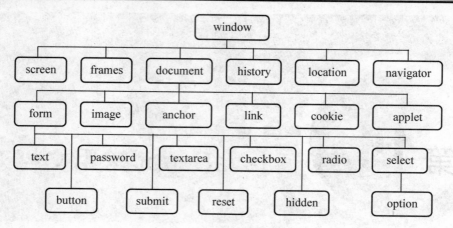

图 15.1　文档对象模型

2) 操作步骤

(1) 在 Dreamweaver 中，写出注册页面的 HTML 代码，如下所示。

```
1   <!DOCTYPE html PUBLIC "-//W3C//DTD XHTML 1.0 Transitional//EN" "http://www.w3.org/TR/xhtml1/DTD/xhtml1-transitional.dtd">
2   <html xmlns="http://www.w3.org/1999/xhtml">
3   <head>
4   <meta http-equiv="Content-Type" content="text/html; charset=utf-8" />
5   <title>注册个人博客</title>
6   <link rel="stylesheet" type="text/css" href="css.css"/>
7
8   </head>
9   <body>
10  <div id="container">
11   <div id="header">
12      <div id="banner"></div>
13   </div>
14   <div id="content">
15      <div id="title"><img src="images/title.jpg"/></div>
16      <div id="main">
17         <form id="register" name="register" action="" method="post">
18            用户名：<input type="text" id="username" name="username" size="40"/><span id="nameMsg"></span><br/>
19              <span id="nameNot">4-36位字符，包括字母、数字或下划线</span><br/>
20            密码：<input type="password" id="pwd" name="pwd" size="40"/><span id="pwdMsg"></span><br/>
21              <span id="pwdNot">6-16位字符，包括字母、数字或下划线</span><br/>
22            确认密码：<input type="password" id="pwdConfirm" name="pwdConfirm" size="40"/><span id="pwdConMsg"></span><br/>
23              <span id="pwdConNot">请再次输入密码</span><br/>
24            邮箱：<input type="text" id="email" name="email" size="40"/><span id="emailMsg"></span><br/>
25              <span id="emailNot">请输入常用的邮件地址</span><br/>
26            <input type="checkbox" id="agree" name="agree"/>同意**网络使用协议  <a href="#">用户注册协议</a><br/>
27         </form>
28         <img src="images/register.jpg" id="img_reg"/>
29      </div>
30   </div>
31   <div id="footer"><img src="images/footer.jpg"/></div>
32   </div>
33  </body>
34  </html>
```

📁 提示

① 第 17～27 行代码为注册信息的表单。

② 第 18 行、20 行、22 行、24 行代码中的<span>标签用来动态显示输入内容的有效性提示。

③ 第 28 行代码中的<img>用来提交表单。

④ 此 HTML 文档可以用文档节点树来表示，如图 15.2 所示。

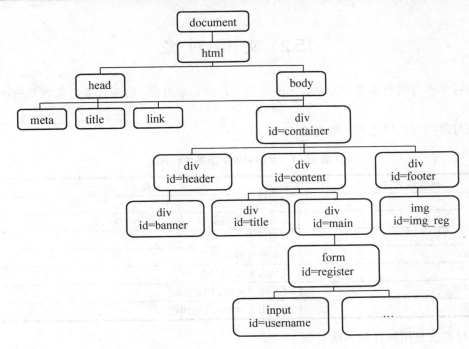

图 15.2　文档节点树

(2) 为注册页面写 CSS 代码，如下所示，并保存为 css.css。

```
1   @charset "utf-8";
2   /* CSS Document */
3   body{margin:0; padding:0; background:#000;}
4   #container{width:960px; margin:0 auto;}
5   #header{position:relative;}
6   #banner{width:960px; height:119px; background:url(images/header.jpg) no-repeat;}
7   #title{height:42px;}
8   #main{width:960px;background:#FFF;}
9   #main form{width:600px;margin:0 auto;padding:60px 20px 10px;font-size:18px;
10              line-height:1.5;}
11  #nameNot,#pwdNot,#pwdConNot,#emailNot{font-size:12px; color:#CCC;padding-left:100px;}
12  #nameMsg,#pwdMsg,#pwdMsg,#pwdConMsg,#emailMsg{color:#f00;}
13  #img_reg{margin:0 0 50px 280px; cursor:pointer;}
14  #footer{width:960px; height:84px;margin-top:5px;}
```

(3) 保存网页文件为 login.htm，并在浏览器中预览，效果如图 15.3 所示。

图 15.3　注册页面

15.2 文 档 对 象

文档对象本身具有属性和方法，它还包含了各种元素对象，这些元素对象也具有不同的属性和方法。

文档对象的常用属性和方法见表 15-1。

表 15-1 文档对象常用属性和方法

属性或方法	意　义
title	网页标题
cookie	记录用户在浏览器中执行时的一些状态
domain	网页域名
lastModified	网页最近修改日期
write()	向页面输出 HTML 内容
open()	打开用于 write 的输出流
close()	关闭用于 write 的输出流

表单对象的常用属性和方法见表 15-2。

表 15-2 表单对象常用属性和方法

属性或方法	意　义
action	提交表单后的 URL
length	表单中的元素个数
method	提交表单数据的方法，get 或 post
name	表单的名称
elements	表单中的元素对象数组
reset()	重置表单
submit()	提交表单

【课堂案例 15-2】制作注册页面(二)

1) 案例要求

为注册页面中添加 JavaScript 代码，对页面中的输入的各项内容做有效性检验。

2) 操作步骤

(1) 在 Dreamweaver 中，新建 JavaScript 文件，并保存为 login_check.js。

(2) 定义获取元素的函数，主要功能是根据元素 ID 获取页面中的元素，代码如下所示。

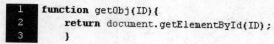

```
1  function getObj(ID){
2      return document.getElementById(ID);
3      }
```

📁 提示

建立了获取页面元素的函数后，即可直接调用 getObj()函数获取到页面元素对象，简化了代码。

(3) 定义改变提示文字样式的函数，代码如下所示。

```
4   function changeColor(ID){
5       var obj=getObj(ID);
6       obj.style.color="#999";
7       }
8   function recoverColor(ID){
9       var obj=getObj(ID);
10      obj.style.color="#ccc";
11      }
```

📁 提示

① 第 5 行代码调用已经定义的 getObj()函数，获取到页面元素对象。

② 第 6 行代码改变元素对象的样式中的颜色属性。

(4) 将 login_check.js 应用到 login.htm 页面。在 login.htm 中添加<script>标签，代码如下所示。

```
7   <script type="text/javascript" src="login_check.js"></script>
```

(5) 绑定 javaScript 到 HTML 标签，代码如下所示。

```
18  用户名:<input type="text" id="username" name="username" size="40" onmouseover="changeColor('nameNot')"
        onmouseout="recoverColor('nameNot')"/>
20  密码:<input type="password" id="pwd" name="pwd" size="40" onmouseover="changeColor('pwdNot')"
        onmouseout="recoverColor('pwdNot')"/>
22  确认密码:<input type="password" id="pwdConfirm" name="pwdConfirm" size="40"
        onmouseover="changeColor('pwdConNot')" onmouseout="recoverColor('pwdConNot')"/>
24  邮箱:<input type="text" id="email" name="email" size="40" onmouseover="changeColor('emailNot')"
        onmouseout="recoverColor('emailNot')"/>
```

📁 提示

当鼠标移动到文本框上时，文本框下面的提示文字改变颜色，当鼠标离开文本框时，提示文字变回原来的颜色。

(6) 保存文件，并在浏览器中预览 login.htm，如图 15.4 所示。

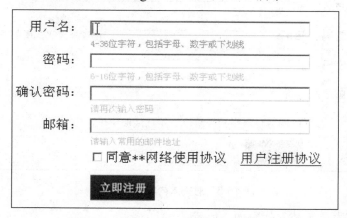

图 15.4　鼠标移到文本框上时提示文字改变颜色

(7) 定义有效字符检验函数，代码如下所示。

```
12  function validCheck(ID,m,n,IDMsg){
13      var validStr="0123456789abcdefghijklmnopqrstuvwxyzABCDEFGHIJKLMNOPQRSTUVWXYZ_";
14      var obj=getObj(ID);
15      var str=obj.value;
16      var len=str.length;
17      if(len>=m&&len<=n){
18          for(var i=0;i<len;i++){
19              var char=str.substring(i,i+1);
20              if(validStr.indexOf(char)==-1){
21                  getObj(IDMsg).innerHTML="请输入有效的字符";
22                  obj.value="";
23                  obj.focus();
24                  break;
25                  }
26              }
27          }
28      else getObj(IDMsg).innerHTML="请输入有效长度的字符";
29      }
```

📁 提示

① 第 12 行代码中，函数的参数 ID 表示鼠标移动到的对象的 ID 值，m 表示有效字符的最小长度，n 表示有效字符的最大长度，IDMsg 表示用于显示检验输入内容有效性后的提示信息的标签对象 ID 值。

② 第 13 行代码用来定义有效字符的范围为数字、字母和下划线。

③ 第 17~28 行代码用来检验输入内容的有效性，并根据检验结果给出不同的提示信息。

④ 第 23 行代码使用 focus()方法聚焦到对象。

(8) 绑定 validCheck()函数到 HTML 标签，代码如下所示。

```
18  用户名:<input type="text" id="username" name="username" size="40" onmouseover="changeColor('nameNot')"
        onmouseout="recoverColor('nameNot')" onblur="validCheck('username',4,36,'nameMsg')"/>
```

```
20  密码:<input type="password" id="pwd" name="pwd" size="40" onmouseover="changeColor('pwdNot')"
        onmouseout="recoverColor('pwdNot')" onblur="validCheck('pwd',6,16,'pwdMsg')"/>
```

(9) 保存文件，并在浏览器中预览 login.htm，如图 15.5 所示。

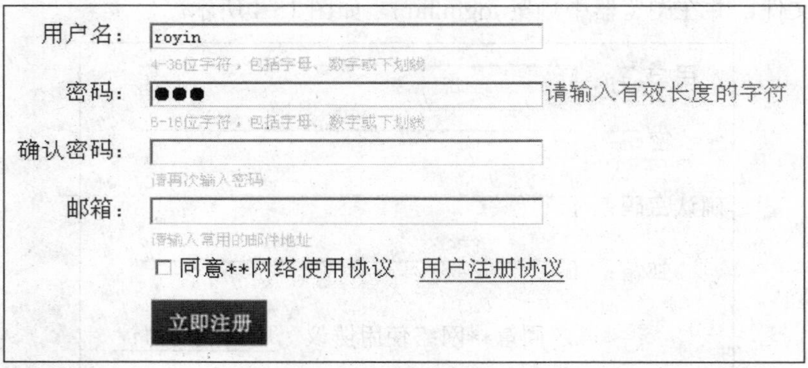

图 15.5　对输入内容进行检验

(10) 定义提交表单函数，代码如下所示。

```
30    function doSubmit(ID){
31        if(getObj('agree').checked){
32            var obj=getObj(ID);
33            obj.submit();
34            window.open("ok.htm");
35        }
36    }
```

(11) 绑定 doSubmit()函数到 HTML 标签，代码如下所示。

```
28            <img src="images/register.jpg" id="img_reg" onclick="doSubmit('register')"/>
```

📁 提示

在图片标签上绑定提交表单的函数，当单击图片时，即提交表单，使用图片实现了提交按钮的功能。

(12) 保存文件，并在浏览器中预览 login.htm，如图 15.6 所示。

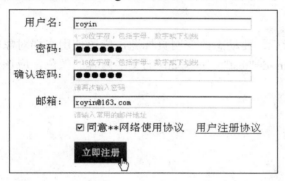

图 15.6　效果图

📁 提示

用户可自己定义检验确认密码和邮箱的函数。

本 章 小 结

本章主要介绍了 JavaScript 的常用文档对象，主要包括文档对象和文档对象的使用。

文档对象包含了网页显示的各个元素对象。文档对象本身具有属性和方法，它还包含了各种元素对象，这些元素对象也具有不同的属性和方法。掌握文档对象及各元素对象的属性和方法的使用，可以很好地获取和控制页面元素。

习 　 题

一、选择题

1. 下列语句中，(　　)可以制作图像按钮、提交表单。

　A．<input　type="submit"　image="image.jpg"/>

    B．<input type="button" image="image.jpg"/>

    C．<img src="image.jpg" onclick="document.forms[0].submit()"/>

    D．以上都不正确

2．对 innerHTML 属性描述正确的是(　　　)。

    A．不能改变元素中的内容

    B．只能改变元素中的文字内容

    C．只能改变元素中的图片内容

    D．可以改变元素中的任何内容

3．获取页面中的某个元素，下列方法正确的是(　　　)。

    A．document.getElementById('元素标识名');

    B．document.getElementByName('元素名称');

    C．document.getElementByTagName('元素标签名');

    D．以上都不正确

二、填空题

1．如果在网页显示后，要动态改变网页标题，应该使用文档对象的_____属性。

2．要改变元素<span id="test">…</span>的文字内容的颜色，应该使用代码_____。

参 考 文 献

[1] 王娜. Dreamweaver 网页制作与色彩搭配全攻略[M]. 北京：清华大学出版社，2006.

[2] 杨志姝，吴俊海，等. Dreamweaver 8 网页制作与网站开发标准教程[M]. 北京：清华大学出版社，2008.

[3] [美] Charles Wyke-Smith. 写给大家看的 CSS 书[M]. 2 版. 北京：人民邮电出版社，2009.

[4] 李超. CSS 网站布局实录：基于 Web 标准的网站设计指南[M]. 2 版. 北京：科学出版社，2007.

[5] 温谦. 主觯程. 别具光芒：CSS 网页布局案例剖析[M]. 北京：人民邮电出版社，2010.

[6] HTML/CSS/JavaScript 标准教程编委会. HTML/CSS/JavaScript 标准教程(实例版)[M]. 北京：电子工业出版社，2011.

[7] 吴以欣，陈小宁. 动态网页设计与制作——CSS+JavaScript [M]. 北京：人民邮电出版社，2009.

[8] 数字艺术教育研究室. Dreamweaver CS5 基础培训教程[M]. 北京：人民邮电出版社，2010.

参考文献

全国高职高专计算机、电子商务系列教材推荐书目

【语言编程与算法类】

序号	书号	书名	作者	定价	出版日期	配套情况
1	978-7-301-13632-4	单片机 C 语言程序设计教程与实训	张秀国	25	2011	课件
2	978-7-301-15476-2	C 语言程序设计(第 2 版)(2010 年度高职高专计算机类专业优秀教材)	刘迎春	32	2011	课件、代码
3	978-7-301-14463-3	C 语言程序设计案例教程	徐翠霞	28	2008	课件、代码、答案
4	978-7-301-16878-3	C 语言程序设计上机指导与同步训练(第 2 版)	刘迎春	30	2010	课件、代码
5	978-7-301-17337-4	C 语言程序设计经典案例教程	韦良芬	28	2010	课件、代码、答案
6	978-7-301-09598-0	Java 程序设计教程与实训	许文宪	23	2010	课件、答案
7	978-7-301-13570-9	Java 程序设计案例教程	徐翠霞	33	2008	课件、代码、习题答案
8	978-7-301-13997-4	Java 程序设计与应用开发案例教程	汪志达	28	2008	课件、代码、答案
9	978-7-301-10440-8	Visual Basic 程序设计教程与实训	康丽军	28	2010	课件、代码、答案
10	978-7-301-15618-6	Visual Basic 2005 程序设计案例教程	靳广斌	33	2009	课件、代码、答案
11	978-7-301-17437-1	Visual Basic 程序设计案例教程	严学道	27	2010	课件、代码、答案
12	978-7-301-09698-7	Visual C++ 6.0 程序设计教程与实训(第 2 版)	王 丰	23	2009	课件、代码、答案
13	978-7-301-15669-8	Visual C++程序设计技能教程与实训——OOP、GUI 与 Web 开发	聂 明	36	2009	课件
14	978-7-301-13319-4	C#程序设计基础教程与实训	陈 广	36	2011	课件、代码、视频、答案
15	978-7-301-14672-9	C#面向对象程序设计案例教程	陈向东	28	2011	课件、代码、答案
16	978-7-301-16935-3	C#程序设计项目教程	宋桂岭	26	2010	课件
17	978-7-301-15519-6	软件工程与项目管理案例教程	刘新航	28	2011	课件、答案
18	978-7-301-12409-3	数据结构(C 语言版)	夏 燕	28	2011	课件、代码、答案
19	978-7-301-14475-6	数据结构(C#语言描述)	陈 广	28	2009	课件、代码、答案
20	978-7-301-14463-3	数据结构案例教程(C 语言版)	徐翠霞	28	2009	课件、代码、答案
21	978-7-301-18800-2	Java 面向对象项目化教程	张雪松	33	2011	课件、代码、答案
22	978-7-301-18947-4	JSP 应用开发项目化教程	王志勃	26	2011	课件、代码、答案
23	978-7-301-19821-6	运用 JSP 开发 Web 系统	涂 刚	34	2012	课件、代码、答案
24	978-7-301-19890-2	嵌入式 C 程序设计	冯 刚	29	2012	课件、代码、答案
25	978-7-301-19801-8	数据结构及应用	朱 珍	28	2012	课件、代码、答案
26	978-7-301-19940-4	C#项目开发教程	徐 超	34	2012	课件
27	978-7-301-15232-4	Java 基础案例教程	陈文兰	26	2009	课件、代码、答案
28	978-7-301-20542-6	基于项目开发的 C#程序设计	李 娟	32	2012	课件、代码、答案

【网络技术与硬件及操作系统类】

序号	书号	书名	作者	定价	出版日期	配套情况
1	978-7-301-14084-0	计算机网络安全案例教程	陈 昶	30	2008	课件
2	978-7-301-16877-6	网络安全基础教程与实训(第 2 版)	尹少平	30	2011	课件、素材、答案
3	978-7-301-13641-6	计算机网络技术案例教程	赵艳玲	28	2008	课件
4	978-7-301-18564-3	计算机网络技术案例教程	宁芳露	35	2011	课件、习题答案
5	978-7-301-10226-8	计算机网络技术基础	杨瑞良	28	2011	课件
6	978-7-301-10290-9	计算机网络技术基础教程与实训	桂海进	28	2010	课件、答案
7	978-7-301-10887-1	计算机网络安全技术	王其良	28	2011	课件、答案
8	978-7-301-12325-6	网络维护与安全技术教程与实训	韩最蛟	32	2010	课件、习题答案
9	978-7-301-09635-2	网络互联及路由器技术教程与实训(第 2 版)	宁芳露	27	2010	课件、答案
10	978-7-301-15466-0	综合布线技术教程与实训(第 2 版)	刘省贤	36	2011	课件、习题答案
11	978-7-301-15432-8	计算机组装与维护(第 2 版)	肖玉朝	26	2009	课件、习题答案
12	978-7-301-14673-6	计算机组装与维护案例教程	谭 宁	33	2010	课件、习题答案
13	978-7-301-13320-0	计算机硬件组装和评测及数码产品评测教程	周 奇	36	2008	课件
14	978-7-301-12345-4	微型计算机组成原理教程与实训	刘辉珞	22	2010	课件、习题答案
15	978-7-301-16736-6	Linux 系统管理与维护(江苏省省级精品课程)	王秀平	29	2010	课件、习题答案
16	978-7-301-10175-9	计算机操作系统原理教程与实训	周 峰	22	2010	课件、答案
17	978-7-301-16047-3	Windows 服务器维护与管理教程与实训(第 2 版)	鞠光明	33	2010	课件、答案
18	978-7-301-14476-3	Windows2003 维护与管理技能教程	王 伟	29	2009	课件、习题答案
19	978-7-301-18472-1	Windows Server 2003 服务器配置与管理情境教程	顾红燕	24	2011	课件、习题答案

【网页设计与网站建设类】

序号	书号	书名	作者	定价	出版日期	配套情况
1	978-7-301-15725-1	网页设计与制作案例教程	杨森香	34	2011	课件、素材、答案
2	978-7-301-15086-3	网页设计与制作教程与实训(第 2 版)	于巧娥	30	2011	课件、素材、答案

序号	书号	书名	作者	定价	出版日期	配套情况
3	978-7-301-13472-0	网页设计案例教程	张兴科	30	2009	课件
4	978-7-301-17091-5	网页设计与制作综合实例教程	姜春莲	38	2010	课件、素材、答案
5	978-7-301-16854-7	Dreamweaver 网页设计与制作案例教程(2010 年度高职高专计算机类专业优秀教材)	吴 鹏	41	2012	课件、素材、答案
6	978-7-301-11522-0	ASP .NET 程序设计教程与实训(C#版)	方明清	29	2009	课件、素材、答案
7	978-7-301-13679-9	ASP .NET 动态网页设计案例教程(C#版)	冯 涛	30	2010	课件、素材、答案
8	978-7-301-10226-8	ASP 程序设计教程与实训	吴 鹏	27	2011	课件、素材、答案
9	978-7-301-13571-6	网站色彩与构图案例教程	唐一鹏	40	2008	课件、素材、答案
10	978-7-301-16706-9	网站规划建设与管理维护教程与实训(第 2 版)	王春红	32	2011	课件、答案
11	978-7-301-17175-2	网站建设与管理案例教程(山东省精品课程)	徐洪祥	28	2010	课件、素材、答案
12	978-7-301-17736-5	.NET 桌面应用程序开发教程	黄 河	30	2010	课件、素材、答案
13	978-7-301-19846-9	ASP .NET Web 应用案例教程	于 洋	26	2012	课件、素材
14	978-7-301-20565-5	ASP.NET 动态网站开发	崔 宁	30	2012	课件、素材、答案
15	978-7-301-20634-8	网页设计与制作基础	徐文平	28	2012	课件、素材、答案
【图形图像与多媒体类】						
序号	书号	书名	作者	定价	出版日期	配套情况
1	978-7-301-09592-8	图像处理技术教程与实训(Photoshop 版)	夏 燕	28	2010	课件、素材、答案
2	978-7-301-14670-5	Photoshop CS3 图形图像处理案例教程	洪 光	32	2010	课件、素材、答案
3	978-7-301-12589-2	Flash 8.0 动画设计案例教程	伍福军	29	2009	课件
4	978-7-301-13119-0	Flash CS 3 平面动画案例教程与实训	田启明	36	2008	课件
5	978-7-301-13568-6	Flash CS3 动画制作案例教程	俞 欣	25	2011	课件、素材、答案
6	978-7-301-15368-0	3ds max 三维动画设计技能教程	王艳芳	28	2009	课件
7	978-7-301-14473-2	CorelDRAW X4 实用教程与实训	张祝强	35	2011	课件
8	978-7-301-10444-6	多媒体技术与应用教程与实训	周承芳	32	2011	课件
9	978-7-301-17136-3	Photoshop 案例教程	沈道云	25	2011	课件、素材、视频
10	978-7-301-19304-4	多媒体技术与应用案例教程	刘辉珞	34	2011	课件、素材、答案
11	978-7-301-20685-0	Photoshop CS5 项目教程	高晓黎	36	2012	课件、素材
【数据库类】						
序号	书号	书名	作者	定价	出版日期	配套情况
1	978-7-301-10289-3	数据库原理与应用教程(Visual FoxPro 版)	罗 毅	30	2010	课件
2	978-7-301-13321-7	数据库原理及应用 SQL Server 版	武洪萍	30	2010	课件、素材、答案
3	978-7-301-13663-8	数据库原理及应用案例教程(SQL Server 版)	胡锦丽	40	2010	课件、素材、答案
4	978-7-301-16900-1	数据库原理及应用(SQL Server 2008 版)	马桂婷	31	2011	课件、素材、答案
5	978-7-301-15533-2	SQL Server 数据库管理与开发教程与实训(第 2 版)	杜兆将	32	2010	课件、素材、答案
6	978-7-301-13315-6	SQL Server 2005 数据库基础及应用技术教程与实训	周 奇	34	2011	课件
7	978-7-301-15588-2	SQL Server 2005 数据库原理与应用案例教程	李 军	27	2009	课件
8	978-7-301-16901-8	SQL Server 2005 数据库系统应用开发技能教程	王 伟	28	2010	课件
9	978-7-301-17174-5	SQL Server 数据库实例教程	汤承林	38	2010	课件、习题答案
10	978-7-301-17196-7	SQL Server 数据库基础与应用	贾艳宇	39	2010	课件、习题答案
11	978-7-301-17605-4	SQL Server 2005 应用教程	梁庆枫	25	2010	课件、习题答案
【电子商务类】						
序号	书号	书名	作者	定价	出版日期	配套情况
1	978-7-301-10880-2	电子商务网站设计与管理	沈凤池	32	2011	课件
2	978-7-301-12344-7	电子商务物流基础与实务	邓之宏	38	2010	课件、习题答案
3	978-7-301-12474-1	电子商务原理	王 震	34	2008	课件
4	978-7-301-12346-1	电子商务案例教程	龚 民	24	2010	课件、习题答案
5	978-7-301-12320-1	网络营销基础与应用	张冠凤	28	2008	课件、习题答案
6	978-7-301-18604-6	电子商务概论（第 2 版）	于巧娥	33	2012	课件、习题答案
【专业基础课与应用技术类】						
序号	书号	书名	作者	定价	出版日期	配套情况
1	978-7-301-13569-3	新编计算机应用基础案例教程	郭丽春	30	2009	课件、习题答案
2	978-7-301-18511-7	计算机应用基础案例教程(第 2 版)	孙文力	32	2011	课件、习题答案
3	978-7-301-16046-6	计算机专业英语教程(第 2 版)	李 莉	26	2010	课件、答案
4	978-7-301-19803-2	计算机专业英语	徐 娜	30	2012	课件、素材、答案

电子书(PDF 版)、电子课件和相关教学资源下载地址：http://www.pup6.cn，欢迎下载。
联系方式：010-62750667，liyanhong1999@126.com，linzhangbo@126.com，欢迎来电来信。